MÉMOIRE

SUR

LES EXPÉRIENCES DE CYLINDRAGE

DE CHAUSSÉES EN EMPIERREMENTS

FAITS A PARIS ET DANS LE DÉPARTEMENT DE LA SEINE.

PARIS. — IMPRIMERIE LE NORMANT, RUE DE SEINE, 8.

MÉMOIRE

SUR

LES EXPÉRIENCES DE CYLINDRAGE

DE CHAUSSÉES EN EMPIERREMENTS

FAITS A PARIS ET DANS LE DÉPARTEMENT DE LA SEINE,

ET SUR LES PROCÉDÉS ACTUELS DE CONSTRUCTION
ET D'ENTRETIEN DES CHAUSSÉES,

PAR C.-H. SCHATTENMANN,

Directeur des mines de Bouxwiller,
Membre du conseil-général du département du Bas-Rhin.

Se vend, ainsi que la deuxième édition du *Mémoire sur le Rouleau compresseur*, au profit de la Salle d'asile et des Écoles primaires de Bouxwiller :

A Paris, chez P. Bertrand, rue Saint-André-des-Arts, 38 ;
      C. Goeury et V. Dalmont, quai des Augustins, 39-41 ;
      Bouchard-Huzard, rue de l'Éperon ;
A Strasbourg, chez V. Levrault.

SEPTEMBRE 1844.

AVANT-PROPOS.

A la fin du mois de décembre dernier, j'ai eu l'honneur d'adresser à l'Académie des Sciences et à M. le comte de Rambuteau, préfet du département de la Seine, mon Mémoire sur les expériences de cylindrages que j'ai faites à Paris, aux Champs-Elysées. Je ne pouvais publier ce Mémoire avant que le rapport n'en fût fait à l'Académie des Sciences; mais comme il lui a été présenté le 2 de ce mois, je me hâte de livrer ledit Mémoire à l'impression, en le faisant précéder de la décision de l'Académie des Sciences.

Etant revenu à Paris, j'ai eu occasion de faire de nouveaux cylindrages très en grand, et qui ont parfaitement réussi. Ces travaux confirment complétement mes expériences précédentes à Paris, et tout ce que j'ai dit dans mon Mémoire à ce sujet. Je me bornerai ainsi à indiquer sommairement les résultats de ces cylindrages, qui m'ont été rendus faciles par le concours qu'ont bien voulu me prêter MM. les Ingénieurs en chef Directeurs, Drappier et Robin, et MM. les Ingénieurs Duparc et Hachette. J'ai l'intime conviction que ces Messieurs sauront faire valoir en pratique, tout ce que ma méthode peut avoir d'utile, et que leur exemple exercera une influence puissante sur la prompte propagation du rouleau et sur la prochaine adoption d'une mesure générale pour le cylindrage de tous les empierrements. Je me plais à leur offrir ici l'expression de ma reconnaissance pour l'accueil favorable qu'ils ont bien voulu me faire.

Expériences de cylindrages d'empierrements de chaussées, faites à Paris et dans le département de la Seine, en juillet et en août 1844.

Première expérience, de 16,707 mètres carrés.

Le chemin vicinal de grande communication de Boulogne à Neuilly, de 2,784 m. 60 de longueur, 6 m. 00 de largeur, faisant 16,707 mètres carrés, empierré en cailloux siliceux roulés, à une épaisseur de 0 m. 25, avait été cylindré en partie, et on y avait apporté des terres d'agrégation avant la compression. J'ai dû reprendre le cylindrage sur la totalité de ce chemin, et j'ai eu beaucoup plus de peine à comprimer et à mastiquer les parties sur lesquelles les terres avaient déjà été mises, sans qu'elles fussent complétement mastiquées et cylindrées, que celle de 250 mètres de longueur, des profils n° 73 à 76 qui se trouvèrent fraîchement empierrés. Cette dernière partie de la chaussée s'est affermie plus promptement et en un plus petit nombre de passages de rouleau. Elle est sensiblement plus ferme et plus belle que celles où les terres ont été mises avant le cylindrage et répandues en trop grande quantité. Malgré la mise des matières d'agrégation avant le cylindrage, cette chaussée est parfaitement viable et solide, et il suffira de donner quelques soins à l'extraction des terres qui s'y trouvent en trop grande abondance pendant quelques mois de la saison pluvieuse, pour la consolider complétement. Elle a été livrée immédiatement à la circulation, sans qu'elle y ait fait la moindre dégradation.

Cette chaussée, à laquelle on arrive par la rue de Longchamps de Neuilly ou par la porte de Longchamps du bois de Boulogne, offre une promenade charmante. Elle longe en partie le bois de Boulogne, les châteaux de Bagatelle et de Madrid, et on a constamment la vue la plus pittoresque de la Seine et du coteau sur lequel se trouve le mont Valérien.

Les dépenses de cylindrage, faites avant mon intervention, qui a eu lieu le 22 juillet dernier, s'élèvent à. . . . . 1,221 f. 27, soit à 0 f. 073 par m. car. Celles que j'ai faites se montent à 2,155   20   0   128

3,376 f. 47, soit à 0 f. 201 par m. car.

frais de traction, de répandage, prix des matières d'agrégation et du sable, tout compris ; mais il n'est pas douteux que 0 f. 13 et probablement 0 f. 10 par mètre carré n'eussent suffi, si ma méthode eût pu être appliquée dès le commencement du cylindrage, et si les matières d'agrégation eussent pu être préparées d'avance, comme cela aura lieu à l'avenir. Les détritus de chaussées ou de carrières calcaires, et toute terre qui a un peu de haut, sont parfaitement propres à mastiquer les empierrements.

Deuxième expérience, de 7,100 mètres carrés.

Un empierrement en cailloux siliceux roulés de 0 m. 05 à 0 m. 30 d'épaisseur, donnant une épaisseur moyenne de 0 m. 13, d'environ 800 mètres de longueur et d'une surface de 7,100 mètres carrés, a été comprimé en sept journées de rouleau, qui ont fourni 56 heures de travail effectif à deux passages et demi par heure, faisant 140 passages, et à raison de 7 passages du rouleau de 1 m. 30 de longueur, 20 passages partout. Cette chaussée, mastiquée avec des détritus de chaussées et des terres provenant de déblais pour poser les caniveaux, parfaitement comprimée et mastiquée, a été immédiatement ouverte à la circulation. De grosses charrettes attelées de cinq chevaux, chargées de pierres de taille, y ont passé et y passent continuellement sans faire de dégradation à cette chaussée. Parmi ces charrettes, il y en avait dont le chargement était de 95 quintaux métriques, sans compter le poids de la charrette. Il ne peut ainsi rester le moindre doute sur la parfaite solidité des empierrements cylindrés, que ni le gros roulage, ni les voitures légères ne peuvent dégrader.

Le temps n'avait pas permis de préparer d'avance et avec économie les matières d'agrégation qu'on trouvera presque toujours sans frais dans les détritus de chaussées, ni même de finir l'empierrement, qui n'a été complétement achevé que le second jour du cylindrage. Quoique la compression n'ait pas pu être faite d'abord sur toute la longueur de la chaussée, et qu'une pluie abondante soit venue interrompre le cylindrage dans le moment le plus critique, celui de l'introduction des matières d'agrégation, l'opération n'en a pas moins été rapidement conduite à bonne fin, et terminée en 7 journées d'un rouleau ou trois journées et demie à deux rouleaux.

La dépense, quoiqu'augmentée par les causes mentionnées ci-dessus, n'en est pas moins très-modique, et ne s'élève qu'à 1,176 fr. 83 frais de traction, de main-d'œuvre, prix des matières d'agrégation et du sable.

Elle se compose de :

1º. Frais de traction pour 7 journées de rouleaux. . . . . 407 f. 95

2º. Frais de répandage des matières d'agrégation et du sable, 50 journ. à 3 f. 150 00

557 f. 95, soit 0 f. 078 par m. car.

3º. Prix des matières d'agrégation et du sable. 618 88   0 087

Total des dépenses pour cylindrer

7,100 mèt. carrés, 1,176 f. 83, soit 0 f. 165 par m. car.

Cette dépense de 16 centimes et demi par mètre carré est très-minime lorsqu'on la compare à celle de 60 centimes portée au devis. On m'avait proposé de me charger à forfait de ce travail au prix du devis, mais j'ai dû répondre que le cylindrage de chaussées, dont je poursuis la propagation depuis plusieurs années, n'est pas pour moi une affaire d'intérêt personnel, et que la dépense réelle ne pouvait s'élever qu'au quart du montant dudit devis. On trouvera dans ma lettre à M. l'ingénieur l'Éveillé, du 19 décembre 1843, publiée à la suite du présent Mémoire, les causes d'une évaluation aussi exagérée. M. l'Eveillé aurait voulu imputer à mon cylindrage de l'avenue Gabriel, 747 francs de dépenses qu'il prétendait avoir été faites pour rapprocher de quelques mètres, afin de mettre au bord de l'avenue 272 mètres cubes de matières d'agrégation, soit 2 fr. 75 c. par mètre cube. J'ai, comme de raison, dû rejeter ces sortes de dépenses, au moyen desquelles on arrive facilement à faire monter à 60 centimes un devis qui, au maximum, ne devrait pas dépasser 20 centimes à Paris, et être proportionnellement moindre en province, selon la réduction des salaires, comparativement à ceux de Paris. En voici les éléments, faciles à vérifier :

Frais de cylindrage à Paris, d'un empierrement de 0 m. 20 d'épaisseur, par mètre carré.

Frais de traction, journées d'un attelage de 6

à 8 chevaux, à 60 fr. par jour, comprimant mille mètres carrés, soit par mètre carré. . . . 0 f. 060

Répandage des matières d'agrégation, à 10 mètres cubes par journée, à 3 fr. ou à 0 fr. 30 par mètre cube, à raison de 15 pour 100 du cube des matériaux employés. 0   009

Répandage d'un mètre cube de sable, à raison de 10 mètres cubes par journée, à 3 fr. ou à 0,30 c. d'une couche d'un centimètre. 0   003

Frais de cylindrage et de répandage des matières d'agrégation. . . . . 0 f. 072

Le mètre cube de matières d'agrégation, à 2 fr., à raison de 15 pour 100 du cube des matériaux d'une couche de 0 m. 20, fait 0 f. 06

Le mètre cube de sable, à 5 fr., répandu en couche de 0 m. 01 d'épaisseur, fait. 0   05

Valeur des matières d'agrégation et du sable. 0   11, ci 0 · 110

0 f. 182

Dépense imprévue, ou somme à valoir. . 0   018

Total des frais de cylindrage, des matières d'agrégation et du sable, par mètre carré . . . . 0 f. 20

M. le commandant du génie de Fuchsamberg a cylindré, en avril dernier, avec mes deux rouleaux, un empierrement en cailloux de la rue militaire comprise entre le canal Saint-Denis et le saillant du bastion nᵒ 32 à La Chapelle. Ce cylindrage a parfaitement réussi, et cette route est livrée depuis quatre mois à la circulation de voitures chargées de pierres de taille, sans en avoir été entamée. Une voiture lourdement chargée, attelée de dix chevaux, y a même passé par un temps de grosse pluie sans y faire la moindre dégradation, tandis que de pareilles chaussées cylindrées l'année dernière avec le rouleau lourd et à grand diamètre des fortifications, ont été complétement bouleversées par le roulage.

D'après les cylindrages en grand que j'ai faits à Paris d'empierremens en cailloux siliceux roulés, j'ai reconnu que leur parfaite compression et réunion en couche compacte, exige vingt passages de rouleau, tandis que les pierres siliceuses cassées n'en demandent que quinze, et les pierres calcaires que douze passages de mon rouleau compresseur.

L'introduction des matières d'agrégation pour mastiquer les empierrements, est l'opération la plus difficile et qui exige le plus de soins et d'attention. Après six à huit passages de rouleau à vide et à demi-charge, l'empierrement est suffisamment comprimé. Il doit être alors dans un ordre parfait à la surface, et on ne doit y voir aucune empreinte de pas de cheval, ni aucun désordre. On y jette alors à la pelle des accotements, une légère couche de matières d'agrégation sèches et en poudre, et à mesure que le rouleau y passe, on regarnit de matières d'agrégation les parties découvertes où il se montre des interstices. Lorsqu'il n'entre plus de matières d'agrégation dans l'empierrement, et que celui-ci est entièrement, mais seulement légèrement couvert à la surface, on relève à la main le peu de pierres superficielles qui peuvent s'y trouver, et que le rouleau marque par la pression qu'il exerce. Lorsque le cylindrage est arrivé aux trois quarts, on y jette une très-légère couche de sable que le rouleau broie avec les matières d'agrégation, pour les rendre moins adhérentes en cas de pluie. On peut alors arroser l'empierrement, pour que les matières d'agrégation collent. Le lendemain on répand une seconde couche de sable sur l'empierrement, et on y fait un dernier passage de rouleau. La chaussée est ensuite ouverte à la circulation, qui n'y fait aucune dégradation. Si cependant, par les pieds des chevaux tirant avec efforts ou par toute autre cause, il s'en faisait de partielles, on les réparerait au pilon ; mais, après deux mois, l'agrégation est tellement complète et intime, que la chaussée résiste à toute cause de dégradation.

Pendant de grandes sécheresses, on peut arroser un peu les pierres avant le cylindrage, pour en favoriser la compression ; mais il faut se garder d'arroser l'empierrement au moment de l'introduction des matières d'agrégation, qui n'y entrent complétement que sèches et en poudre, car dès qu'elles sont mouillées, elles forment pâte et restent à la surface de la couche.

Les matières d'agrégation devant être introduites

sèches et en poudre, et les chaussées cylindrées, après avoir été mouillées, être soumises à une dessication, il convient de ne pas entreprendre de cylindrages dans la mauvaise saison, mais de les faire du 1er avril au 30 septembre.

A la demande de MM. les ingénieurs en chef, directeurs des ponts et chaussées à Paris, Drappier et Robin, je leur ai cédé mes deux rouleaux. Un seul rouleau exigeant la même surveillance que le travail de deux rouleaux, il importe d'organiser des services à deux rouleaux, avec deux agents spéciaux, dont l'un serait chargé de conduire les rouleaux, et l'autre de diriger et de surveiller les ouvriers pendant le répandage des matières d'agrégation et du sable. Il conviendrait donc d'avoir une vingtaine d'ouvriers bien exercés à ce travail, ou au moins la moitié de ce nombre, auxquels on pourrait adjoindre dix ouvriers ordinaires, afin d'assurer le répandage prompt et régulier des matières d'agrégation et du sable.

Paris, en septembre 1844.

SCHATTENMANN.

RAPPORT

FAIT A L'ACADÉMIE DES SCIENCES

SUR LES

EXPÉRIENCES DE CYLINDRAGE

DE

CHAUSSÉES EN EMPIERREMENTS

FAITES A PARIS

Par M. SCHATTENMANN.

Commissaires : MM. Arago, Poncelet, Piobert, Laugier, Mathieu *rapporteur*.

Les routes en empierrement, dans un bon état d'entretien, ont de grands avantages sur les routes pavées. Elles sont d'une construction moins dispendieuse, d'un parcours plus facile qui se prête merveilleusement aux grandes vitesses que l'on recherche tant de nos jours. Ces avantages expliquent assez l'abandon des routes pavées, la préférence accordée aux routes d'empierrement, qui forment maintenant en France la plus grande partie de nos voies de terre. La construction de ces routes est donc d'une grande importance pour l'industrie des transports et pour les nombreux intérêts qui s'y rattachent. Aussi elle a été, depuis quarante ans, l'objet de nombreux et remarquables perfectionnements qui ont beaucoup contribué et à la diminution du prix des transports.

Nous venons aujourd'hui rendre compte à l'Académie des procédés que M. Schattenmann a mis en pratique dans les départements de la Seine et du Bas-Rhin, et des heureux résultats qu'il a obtenus. Mais auparavant, et en raison de l'importance économique de la question, nous croyons devoir entrer dans quelques détails sur les moyens qui ont été employés jusqu'à présent pour construire les chaussées.

Dans les anciennes routes on posait sur le sol de larges pierres plates, surmontées de grosses pierres placées de champ. Une couche de pierres cassées était répandue sur cette fondation et renfermée entre deux bordures parallèles en pierres de grandes dimensions. Le tout formait une chaussée très-dispendieuse à établir et à entretenir, et très-cahotante quand les pierres placées de champ étaient en partie découvertes par l'action du roulage.

Dans le système que l'on a généralement adopté en France depuis une vingtaine d'années, on a supprimé, comme Mac-Adam, la fondation et les bordures; le corps de la chaussée se compose d'une seule couche de petites pierres ou de cailloutis dont l'épaisseur s'élève de 15 à 30 centimètres. La fondation n'est pas nécessaire, parce que le sol est à l'abri des influences atmosphériques, parce qu'il est soustrait à l'action des roues aussitôt que la chaussée forme une masse compacte et imperméable. Il en est de même des bordures; elles ont le grave inconvénient d'établir entre la chaussée et l'accotement en terre, une séparation qui donne fréquemment naissance à une ornière très-gênante pour la circulation. L'économie provenant de la double suppression de la fondation et des bordures compense bien au delà l'augmentation de dépense qui résulte du cassage de la pierre en petits fragments. Ces heureuses modifications ont fait disparaître les plus grands inconvénients des anciennes routes d'empierrement, tout en réduisant les frais de construction et d'entretien.

Les routes tracées et établies pour le roulage qui a de lourds chargements à transporter, pour les messageries qui ont besoin de marcher à grande vitesse, doivent permettre en toute saison une circulation facile, rapide, économique. Il faut pour cela que la chaussée empierrée soit dure, unie à sa surface, et que sa masse forme une couche compacte et imperméable. Par quels moyens peut-on obtenir une chaussée qui jouisse réellement de ces propriétés ?

La chaussée composée, comme nous l'avons dit, d'une seule couche de petites pierres, est à peine praticable. Les voitures ne peuvent la parcourir que très-lentement et avec une grande dépense de force. Les roues, qui séparent facilement les éléments mobiles de l'empierrement, tracent des frayés, creusent des ornières, écrasent et broient une grande partie des matériaux, qui passent à l'état de poussière et de boue, et qu'il faut remplacer successivement par de nouveaux matériaux. Les ornières se reproduisent sans cesse, et ce n'est qu'à la longue, après des réparations continuelles,

b.

dispendieuses, que les divers éléments de la chaussée, mêlés avec les détritus, finissent par se lier et par former une masse résistante, compacte. Mais cette consolidation de la chaussée par l'action lente, irrégulière, destructive, des roues peut s'opérer directement par des moyens simples et économiques.

M. Polonceau a publié, en 1829, un Mémoire sur les moyens qu'il avait employés, dans le département de Seine-et-Oise, pour perfectionner le système d'empierrement de Mac-Adam. Il remplace l'action incertaine des roues des voitures par la pression uniforme d'un lourd et grand cylindre. Pour opérer promptement la consolidation de la chaussée, il a recours au mélange des pierres dures avec des pierres tendres, avec des graviers liants, des détritus de vieilles chaussées. Cinq ans plus tard, en 1834, M. Polonceau appliquait ce procédé à la chaussée de son beau pont du Carrousel. Dans une seconde publication, il insistait de nouveau sur l'utilité du mélange des matières d'agrégation avec les pierres dures, et sur la nécessité d'une forte compression. Cette année (1844) il est revenu sur ce sujet, dans la vue de constater et de prouver que c'est à la France, et non à la Prusse, que l'on doit les premiers exemples de l'emploi des matières d'agrégation et de la compression sur les chaussées en empierrement. Les bons effets de cette méthode ont été constatés en France et à l'étranger, toutes les fois que l'on a rempli la double condition d'une pression suffisante et d'un mélange convenable de matériaux qui peuvent se lier facilement. Cependant elle s'est répandue lentement; ce n'est que depuis peu d'années que, dans un certain nombre de départements, on comprime les chaussées, soit avec un cylindre très-lourd à grand diamètre, soit avec un cylindre léger à petit diamètre, que l'on nomme quelquefois *rouleau prussien,* et qui n'est que celui de M. Polonceau réduit à de moindres dimensions.

Les avis sont encore partagés sur les dimensions les plus convenables à donner au cylindre compresseur. M. Schattenmann est persuadé que le cylindre léger à petit diamètre agit sur l'empierrement d'une manière plus sûre, plus prompte, plus complète, que le cylindre lourd à grand diamètre. C'est pour faire constater les avantages et la supériorité du cylindre léger, qu'il a adressé à l'Académie le Mémoire qui nous occupe en ce moment.

La constitution définitive d'une route dépend de la forme de la chaussée, de la nature et du mélange des matériaux qui la composent ; enfin, de leur consolidation en une couche compacte. Nous allons suivre l'auteur dans ces diverses opérations.

M. Schattenmann donne aux chaussées une largeur de 5 à 8 mètres, suivant les circonstances, suivant leur destination. Il propose de supprimer ou, au moins, d'empierrer les accotements en terre, et de remplacer les fossés par des rigoles empierrées ou pavées. Il porte l'épaisseur de la chaussée dans son axe à 20 centimètres, avec un bombement de 6 centimètres par mètre. Le fond de la forme ou de l'encaissement qui doit recevoir les matériaux est aussi un peu bombé, environ 4 centimètres par mètre, afin que l'empierrement conserve une certaine épaisseur jusque sur les bords de la route. Le bombement réduit, auquel on arrive après la compression, est suffisant pour l'écoulement de l'eau quand la chaussée est unie; il est commode pour les voitures qui peuvent circuler sans crainte sur toute la largeur de la chaussée, et l'user à peu près uniformément. Avec un bombement exagéré, on n'a pas la même sécurité; la chaussée s'use principalement dans le milieu, où se portent toutes les voitures.

L'empierrement peut s'établir sur un sol quelconque; peu importe sa nature, quand il est couvert par une couche compacte et imperméable. Cependant s'il était par trop mou, on pourrait le raffermir un peu par un passage de rouleau compresseur. Un simple pilonnage suffirait dans les parties où il ne paraîtrait pas assez résistant.

On place les matériaux, réduits par le cassage à 6 centimètres de diamètre, dans le fond de l'encaissement; ceux qui se trouvent plus petits sont réservés pour la surface. S'il en reste à la surface qui aient plus de 4 centimètres, on les casse sur place ou bien on les enlève à la main.

Ces matériaux plus ou moins durs, plus ou moins liants, peuvent être rapprochés, enchevêtrés par une forte pression; mais cela ne suffit pas pour qu'ils forment immédiatement une couche compacte, imperméable. Il faut nécessairement incorporer dans l'empierrement une matière ténue pour remplir les vides et opérer la liaison de toutes les parties.

La consolidation des chaussées par le cylindrage repose sur ce double principe de la compression et du mélange des matériaux avec une matière d'agrégation.

Cette matière doit être de telle ou telle espèce, suivant la dureté des matériaux de l'empierrement et leur facilité à se lier. Avec des matériaux durs, sans liant, comme les pierres siliceuses, les granits, les quartz, etc., on prend, pour opérer l'agrégation, la marne, les calcaires tendres, toute espèce de terre forte, etc., qui se lient facilement. Mais avec des calcaires d'une certaine dureté, on emploie du sable; il reçoit du calcaire le liant qui lui manque.

Les détritus des chaussées provenant de pierres dures ou tendres sont, dans tous les cas, une bonne matière agglomérante.

M. Schattenmann, directeur des mines de Bouxwiller, avait eu souvent à s'occuper, comme membre du conseil général du Bas-Rhin, de la construction des routes dans ce département. Il apprit, vers 1840, que dans la Prusse rhénane, à Sarrebruck, on employait depuis quelque temps un cylindre en fonte de fer pour comprimer les chaussées d'empierrements neufs, et que l'on obtenait de très-bons résultats. Il l'examina, le fit connaître et en recommanda vivement l'usage. L'année suivante, en 1841, des circonstances particulières l'ayant amené à construire lui-même des empierrements dans des rues de Bouxwiller, il se servit d'un rouleau appartenant au département et semblable au rouleau prussien, sauf quelques modifications qui en rendent le chargement et le service très-faciles.

Ce rouleau consiste dans un cylindre creux en fonte de fer de $1^m,30$ de diamètre et de $1^m,30$ de longueur. Aux extrémités de son axe en fer forgé sont placés deux coussinets qui supportent un fort cadre surmonté d'une caisse carrée qui peut recevoir, en pierres ou en pavés, une charge de 3 ooo kilogrammes. A l'aide de deux timons assemblés à la charpente du cadre, on peut atteler les chevaux devant et derrière, ce qui dispense de faire tourner le rouleau sur place.

Le poids de la charpente et de la caisse est de 1 ooo kilogrammes, celui du cylindre est de 2 ooo kilogrammes, en sorte qu'à vide tout le système pèse 3 ooo kilogrammes et 6 ooo kilogrammes à pleine charge.

Quand la chaussée est préparée et chargée de petites pierres ou de cailloutis, on procède au cylindrage, qui comprend deux opérations bien distinctes : la compression des matériaux et leur agglomération.

1°. La compression est produite par deux tours ou deux passages de rouleau à vide, avec la charge simple de 3 ooo kilogrammes ; par deux tours à mi-charge de 4 5oo kilogrammes ; par deux tours à charge entière de 6 ooo kilogrammes.

Pendant ces six premiers tours de rouleau, on est obligé, dans une grande sécheresse, d'arroser les matériaux pour qu'ils glissent mieux les uns sur les autres et s'enchevêtrent plus facilement.

2°. L'agglomération s'opère en continuant de comprimer avec le rouleau à pleine charge ; mais après chaque tour on étend, à la surface de la chaussée, une légère couche de matière liante, sèche, réduite en poudre et choisie convenablement suivant la nature des matériaux de l'empierrement. Le volume de la matière d'agrégation est d'environ 15 pour 1oo du cube des matériaux qui constituent l'empierrement. Six tours de rouleau suffisent dans cette seconde période de la consolidation.

Le cylindrage, réduit au minimum de douze tours de rouleau, à douze passages dans chaque endroit, pourra, dans une journée, s'étendre à 200 ou 300 mètres de longueur, et couvrir une surface de 1 500 à 2 000 mètres carrés; mais, quand la consolidation marchera lentement, on sera parfois obligé d'augmenter un peu le nombre des passages du rouleau, et la surface cylindrée dans un jour sera moindre. Ce travail s'exécute avec six chevaux sur des routes à pentes ordinaires; on en emploie huit quand les pentes s'élèvent au-dessus de 4 à 5 centimètres par mètre.

Malgré la grande mobilité des pierres cassées et surtout des cailloux roulés au commencement de l'opération, l'attelage de six à huit chevaux de force moyenne peut sans effort faire marcher le rouleau à vide, et pesant seulement 3 000 kilogrammes. A mesure que l'opération avance, le roulage devient plus facile, et l'on peut augmenter successivement la charge du cylindre jusqu'à 6 000 kilogrammes. Dans tous les cas, il faut que chaque cheval n'ait à exercer qu'une traction modérée; s'il devait agir avec force, ses pieds bouleverseraient sans cesse la surface de la chaussée.

Après une douzaine de passages du rouleau, la chaussée peut être livrée à la circulation, si l'opération a été bien conduite.

Le succès dépend principalement de la nature de la matière d'agrégation et de son introduction dans l'empierrement; elle doit remplir les vides qui restent entre les matériaux, et les envelopper en partie d'une espèce de gangue, qui se consolide en séchant.

Quand le rouleau marche pendant la compression, il s'enfonce peu dans l'empierrement, même au premier tour. On remarque seulement en avant une agitation analogue à celle qui a lieu dans un fluide refoulé. La pression de la surface se transmet de proche en proche, les pierres glissent les unes sur les autres; il se forme une espèce de feutrage. Les vides qui existaient d'abord se remplissent en partie par les matériaux eux-mêmes. L'ondulation en avant du rouleau diminue graduellement à mesure que les pierres se casent et perdent leur mobilité; de là résulte, dans l'épaisseur de la chaussée, une diminution d'environ $\frac{1}{6}$ pour la meulière cassée, mais moindre pour des cailloux roulés qui ne se touchent guère que par des points.

Le saupoudrage de la matière d'agrégation s'opère partiellement par couches minces pour qu'elle pénètre facilement dans l'empierrement. Pendant ce travail l'ondulation diminue vite; elle s'éteint bientôt et la matière d'agrégation reste à la surface. C'est le signe certain que l'on peut cesser le cylindrage, cela arrive ordinairement après une douzaine de passages. Alors on répand sur la matière d'agrégation restée à la surface de la chaussée une couche d'un centimètre de sable ou de gravier fin, pour couvrir les pierres, amortir l'action des pieds des chevaux, et empêcher les dégradations à la surface, et l'adhérence aux roues des matières grasses qui n'ont pas pénétré dans la masse. Dans cet état il faut encore que la chaussée soit mouillée par la pluie ou par un arrosage abondant. Alors elle peut être livrée à la circulation. Cependant elle n'est pas encore entièrement consolidée. Ce n'est qu'après une dessiccation d'environ deux mois que toutes ses parties sont bien liées et qu'elles forment une masse compacte et imperméable. Si après le cylindrage il survenait des pluies continuelles et plus tard des gelées, la chaussée se consoliderait difficilement. Il ne faut donc pas entreprendre ces opérations en hiver ou à l'entrée de l'hiver.

Tels sont les procédés que M. Schattenmann a employés avec succès pour cylindrer des chaussées dans le Bas-Rhin et à Paris. Toutes ont été livrées immédiatement au roulage; aucune n'a souffert de la circulation la plus active.

Dans un empierrement cylindré depuis deux ans à Bouxwiller, M. Schattenmann a fait une tranchée d'où il a extrait un fragment qui a été présenté à l'Académie. On y voit une agglomération des matériaux en une masse compacte, solide, imperméable, de plus de 20 contimètres d'épaisseur.

On trouve les mêmes caractères dans les chaussées cylindrées à la fin de l'année dernière aux Champs-Élysées. La première expérience a été faite au Cours-la-Reine; l'empierrement était en cailloux siliceux roulés, non cassés, tirés des carrières des environs de Paris; dans les deux autres expériences faites sur une seconde partie du Cours-la-Reine et à l'avenue Gabriel, les empierrements étaient composés d'une première couche des mêmes cailloux et d'une couche supérieure en pierres meulières cassées. Quoique M. Schattenmann ait opéré avec ses deux rouleaux dans des circonstances atmosphériques très-peu favorables et que les pluies fréquentes qui ont suivi les cylindrages aient beaucoup contrarié la consolidation de ces chaussées, nous les avons trouvées en bon état deux mois après leur achèvement. Elles résistaient parfaitement à un roulage actif, et nous avons pu en faire extraire des fragments dont toutes les parties étaient déjà liées. Maintenant elles sont tout à fait consolidées et d'un parcours toujours facile.

Cette année, deux de vos Commissaires ont pu suivre dans les moindres détails l'expérience faite dans le courant du mois d'août, par M. Schattenmann, sur le boulevard d'Enfer. L'ancienne chaussée, de 800 mètres de longueur et 9 mètres de largeur, a été couverte de cailloux siliceux roulés, non cassés et tirés des carrières des environs de Paris. L'épaisseur de cet empierrement allait en augmentant d'un bout à l'autre de 10 à 25 centimètres.

Le cylindrage a commencé le lundi 12 août, il a été contrarié plusieurs fois par la pluie, et cependant la chaussée était ouverte à la circulation le samedi matin.

Nous avions vu les ondulations du cailloutis diminuer devant le rouleau à mesure que la matière d'agrégation, composée de détritus de la vieille chaussée, pénétrait dans l'empierrement. Au bout de trois jours elles s'apercevaient encore dans la partie la plus épaisse de l'empierrement, mais elles étaient insensibles dans la partie la plus mince. Tout annonçait la fin du cylindrage, lorsqu'une pluie extrêmement abondante vint interrompre les travaux et entraîner dans l'empierrement les détritus qui se trouvaient à la surface. Le lendemain suffit pour préparer la chaussée au passage des voitures.

Une voiture de pierre de taille pesant 8 500 kilogrammes a parcouru la chaussée le samedi 17 août dans toute sa longueur sans occasionner la moindre dégradation. Dans beaucoup d'endroits nous apercevions à peine la trace des roues et la marque des pieds des chevaux dans la couche de détritus et de sable qui couvrait la chaussée. Ainsi les chevaux faisaient peu d'efforts et le roulage était déjà facile.

On croit généralement que le cylindrage réussit difficilement avec un empierrement en cailloux roulés durs, et que si l'on parvient, à l'aide de tels matériaux, à former une couche compacte, ce n'est qu'avec une grande quantité de matière d'agrégation et une dépense bien plus forte que pour un empierrement en meulière cassée. Voici à cet égard ce qui résulte de l'expérience du boulevard d'Enfer, d'après les documents communiqués à la Commission : la dépense, en comprenant le sable et la matière d'agrégation, s'est élevée à 1176^f,83 pour cylindrer 7100 mètres carrés de chaussée, et à 0^f,165 pour un mètre carré. Ce chiffre se décompose comme il suit : 1° frais de cylindrage comprenant la traction et le répandage des détritus et du sable 0^f,078 ; 2° prix de la matière d'agrégation et du sable, 0^f,087.

Ainsi, à Paris, où la main-d'œuvre est fort chère, on peut cylindrer, pour 8 centimes, un mètre carré de l'empierrement le plus difficile à consolider (1). Quant au prix de la matière d'agrégation et du sable,

---

(1) Avec un attelage de 8 chevaux, à 60 francs par jour, on a comprimé 7100 mètres dans huit jours (900 mètres carrés

on conçoit qu'il doit varier beaucoup d'un lieu à un autre.

Quelques jours avant cette expérience, les cylindres de M. Schattenmann avaient servi à comprimer, sur le chemin vicinal de Boulogne à Neuilly, un empierrement de 25 centimètres d'épaisseur. L'opération, commencée par l'administration, terminée par M. Schattenmann, a coûté, tout compris, 3400 francs pour 16 707 mètres carrés de chaussée; ce qui fait 0^f,203 par mètre carré pour le cylindrage et l'achat du sable et des matières d'agrégation.

Quand une chaussée empierrée est usée, ou réduite à une couche trop mince pour résister au roulage, il faut augmenter son épaisseur. On la recouvre d'une couche de matériaux, que l'on consolide au moyen du rouleau compresseur, en suivant la même marche que pour une chaussée neuve; seulement, dès les premiers tours du rouleau, par un temps pluvieux

---

par jour); ce qui fait pour 1 mètre carré. . . . . . . 0^f,066

Un journalier, à 3 francs, répand 10 mètres cubes de matière d'agrégation dans un jour, ou 1 mètre cube pour 0^f,30.

Une couche de chaussée de 1 mètre carré de base et 20 centimètres d'épaisseur, ou de $\frac{1}{5}$ de mètre cube, exige en répandage :

1°. $\frac{15}{100}$ de $\frac{1}{5}$ de mètre cube, ou $\frac{3}{100}$ de mètre cube de matière d'agrégation, à 0^f,30 le mètre cube. . . . . 0^f,009

2°. $\frac{1}{100}$ de mètre cube de sable, à 0^f,30 le mètre cube. 0^f,003

Dépense pour cylindrer et répandre les matières d'agrégation et le sable.. 0^f,078

ou à la suite d'un arrosage convenable, il faut saupoudrer avec la marne, le sable ou les détritus, pour lier promptement les parties de la nouvelle couche entre elles et à la superficie de l'ancienne chaussée.

Quelquefois on se sert d'un pic pour pratiquer, à la surface de la chaussée en réparation, des cavités où se logent les matériaux dont on la charge. Avec le rouleau compresseur, on lie parfaitement, sans repiquage, les deux couches superposées, et l'on évite la dépense d'une opération assez longue, qui a d'ailleurs l'inconvénient de désagréger les parties de l'ancienne chaussée.

L'avenue du Cours-la-Reine, aux Champs-Élysées, nous a offert un exemple de ces réparations. Elle était en mauvais état. M. Schattenmann, vers la fin d'octobre dernier, chargea une partie de la chaussée d'une couche de cailloux de 5 centimètres d'épaisseur. Deux mois après le cylindrage, nous en vîmes extraire un fragment qui montre que la nouvelle et l'ancienne couche, que d'ailleurs on distingue l'une de l'autre, étaient parfaitement liées.

Quand une chaussée n'a pas été parfaitement confectionnée, les traces, les frayés, les ornières qu'y laisse une circulation un peu active doivent être effacés sans cesse par les cantonniers. Ce dispendieux travail d'entretien a souvent le grave inconvénient de diminuer notablement l'épaisseur de la chaussée avant qu'elle soit parvenue à de bonnes conditions de viabilité. Mais quand une chaussée a été originairement bien établie par le cylindrage ou par tout autre procédé, les voitures les plus lourdes n'y laissent pas de traces sensibles qui puissent être suivies par d'autres voitures et devenir des ornières. La circulation a lieu sans piste sur toutes les parties. L'office du cantonnier se réduit alors à une simple surveillance, et à enlever la boue peu abondante apportée par la circulation, ou provenant des parcelles enlevées à la chaussée. Cependant, à la longue, il se formerait un frayé sensible qui se convertirait même en ornière si les voitures suivaient toujours la même piste.

Quant à l'entretien accidentel, il se réduit à peu de chose. Il s'opère d'ailleurs par le damage, dont les résultats sont analogues à ceux du rouleau compresseur. Cet entretien accidentel disparaissant en grande partie, on pourra, sur des routes bien cylindrées, réduire le nombre des cantonniers et des ouvriers auxiliaires, ce qui opérera une notable économie.

Les ingénieurs des ponts et chaussées qui ont fait usage du rouleau compresseur reconnaissent que la dépense d'entretien d'une chaussée cylindrée est faible, tandis qu'elle est très-forte pour une route neuve, principalement jusqu'à l'époque où elle se trouve complétement consolidée.

Examinons ces deux questions importantes : Quelle est la pression exercée par le petit rouleau, et à quelle profondeur se fait sentir son action ?

Le cylindre s'appuie sur l'empierrement, dans toute sa longueur de $1^{m},3o$, sur une largeur de 20 à 25 centimètres. La pression, pour une zone de 1 centimètre de largeur, varie de 23 à 46 kilogrammes, quand la charge passe de 3 à 6 000 kilogrammes, tandis que la pression des roues, par zone de 1 centimètre, varie de

100 à 170 kilogrammes. Ainsi, une pression trois à quatre fois plus petite que celle des lourdes voitures de roulage suffit pour opérer la consolidation d'une couche de cailloutis de 20 à 25 centimètres d'épaisseur.

M. Schattenmann, en opérant avec son rouleau sur une couche de 50 centimètres d'épaisseur, a reconnu que la compression a lieu jusqu'à 30 centimètres de la surface. L'action de ce petit rouleau peut donc se transmettre dans toutes les parties d'un empierrement réduit à l'épaisseur de 20 à 30 centimètres, regardée maintenant comme très-suffisante. L'échantillon de 20 centimètres d'épaisseur qui a été extrait de la chaussée de Bouxwiller, et dont nous avons déjà parlé, ne laisse aucun doute à cet égard.

On avait cru d'abord qu'il fallait un grand poids pour comprimer les empierrements, et l'on fut conduit à employer des cylindres de 1^m,50 de longueur, de 2 mètres de diamètre, pesant 4, 5, 6 000 kilogrammes à vide, et le double à pleine charge. La pression par zone de 1 centimètre est alors presque double de celle du petit cylindre, et cependant elle paraît moins efficace. M. Schattenmann soutient catégoriquement dans son Mémoire qu'un grand et lourd cylindre ne consolide ordinairement un empierrement que jusqu'à 6 ou 7 centimètres de la surface; à l'appui de cette opinion il cite des cylindrages opérés aux Champs-Élysées, et surtout celui qui a été fait l'année dernière près de Saint-Denis, par le génie militaire, avec le grand rouleau des fortifications qui exige un attelage de dix-huit à vingt chevaux. L'empierrement de 20 centimètres d'épaisseur en cailloux, exécuté de cette manière, a été promptement bouleversé par le roulage.

Nous ajouterons que cette année les mêmes officiers ont opéré dans une rue militaire près du canal Saint-Denis. L'empierrement se composait d'une couche de 20 centimètres d'épaisseur en cailloux siliceux, roulés, non cassés, tirés des carrières de Clichy. Le cylindrage, avec les rouleaux de M. Schattenmann, a donné une chaussée qui résiste parfaitement depuis trois mois au plus gros roulage. A son ouverture elle a pu supporter une voiture à dix chevaux chargée de pierres de taille. La dépense pour le cylindrage, la matière d'agrégation et le sable, s'est élevée à 25 centimes par mètre carré.

En admettant que les empierrements se consolident aussi bien, aussi vite avec un grand cylindre qu'avec un petit, ce dernier aurait toujours l'avantage d'être d'un prix moins élevé, de n'exiger que six à huit chevaux, au lieu de dix-huit à vingt. Avec ce dernier attelage le tirage est irrégulier, et les chevaux détruisent souvent, en piétinant, une partie du travail déjà fait.

M. Schattenmann s'est empressé de nous déclarer qu'en s'adressant à l'Académie, il n'avait eu en vue qu'une chose, le désir de faire connaître un mode de construction des chaussées empierrées qui lui paraît, sous tous les rapports, bien supérieur à l'ancien. Quand il a employé le rouleau léger à petit diamètre, il n'en connaissait pas d'autre. A cet égard, il a été bien servi par le hasard. Il pense que c'est à M. Polonceau que revient l'honneur du premier emploi d'une matière d'agrégation et de l'action d'un cylindre dans la consolidation des empierrements ; il croit aussi qu'on ne s'est servi de ce procédé en Prusse qu'après la publication des Mémoires dans lesquels notre habile ingénieur rendait compte des résultats de ses premières épreuves.

Nous venons de constater les bons résultats du cylindrage pour la construction, la réparation et l'entretien des chaussées; maintenant nous sommes naturellement conduits à examiner cette question d'économie publique. L'administration, quand elle a fait tous les frais d'établissement d'une chaussée, ne devrait-elle pas la consolider elle-même, et attendre qu'elle fût dans cet état pour la livrer à la circulation? Nous rappellerons ici que la consolidation d'une chaussée, par l'action irrégulière des roues des voitures, a le grave inconvénient, d'un côté, d'imposer une charge énorme à l'industrie des transports, et, de l'autre, d'entraîner pour l'État des dépenses continuelles de matériaux, de réparation, d'entretien. Les dépenses sont si considérables, que l'on trouverait de l'avantage à consolider les chaussées par le procédé économique du cylindrage, et à ne livrer à l'industrie privée que des routes réellement praticables.

En résumé, la consolidation d'une route en empierrement par le travail lent et destructeur des roues des voitures impose, pendant plusieurs mois, une charge énorme au roulage, et au Trésor un entretien très-dispendieux. Le plus ordinairement encore, après tant de sacrifices, on n'obtient que des routes assez médiocres. Au contraire, une chaussée bien cylindrée a immédiatement l'avantage, pour l'industrie privée, d'être ferme et unie à sa surface et d'un parcours facile, économique; pour l'État, de n'exiger qu'une très-faible dépense d'entretien. L'application régulière, bien entendue, du rouleau compresseur à la construction et à la réparation de nos routes en empierrement, aura donc des résultats économiques de la plus haute importance. Sous ce rapport elle doit fixer l'attention de l'administration chargée d'organiser les voies de communication dans toute l'étendue du royaume.

Il nous paraît établi que les grands cylindres ne sont ni nécessaires ni même utiles; que la pression modérée d'un cylindre léger, à petit diamètre, traîné par 6 à 8 chevaux, suffit pour comprimer dans toutes ses parties un empierrement de 20 à 25 centimètres d'épaisseur, et pour le transformer en une chaussée compacte, imperméable, unie à sa surface et capable de résister immédiatement au roulage le plus actif; que le petit rouleau compresseur consolide également, sur une chaussée usée, une nouvelle couche de cailloutis, même très-mince, et la soude parfaitement au sol ancien.

Conclusions. — L'Académie a déjà pu reconnaître que M. Schattenmann ne prétend nullement que le cylindrage des routes à empierrement ait été inventé par lui; mais il a incontestablement le mérite d'avoir propagé ces excellents procédés par son zèle, par son activité, par ses lumières; d'avoir montré les avantages du petit cylindre à poids variable et gradué; d'avoir donné des notions précieuses sur les matières d'agrégation.

Sous tous ces rapports, le Mémoire de M. Schattenmann nous paraît très-digne de l'approbation de l'Académie.

IMPRIMERIE DE BACHELIER,
Rue du Jardinet, 12.

MÉMOIRE

SUR

LES EXPÉRIENCES DE CYLINDRAGE

DE CHAUSSÉES EN EMPIERREMENTS

FAITS A PARIS ET DANS LE DÉPARTEMENT DE LA SEINE.

Le 25 avril 1843, M. le comte de Rambuteau, préfet du département de la Seine, a autorisé M. Violet, alors ingénieur en chef, directeur du pavé de Paris, à acheter un rouleau compresseur de la forme du mien, pour en faire l'essai sur les chaussées en empierrements, voisines de l'Observatoire de Paris, en présence de M. Arago, membre de l'Institut et du Conseil municipal de Paris.

J'ignore pourquoi cette expérience de cylindrage n'a pas eu lieu sur une chaussée de gros roulage; elle eût été plus particulièrement propre à constater l'action et les effets de mon rouleau.

Ce n'est que le 8 septembre dernier que M. l'Éveillé, ingénieur de la première division du pavé de Paris, m'a écrit qu'il était prêt à faire des expériences de cylindrage d'empierrement **sur les avenues des Champs-Élysées**, si je voulais me rendre à Paris et y envoyer mon rouleau compresseur; mais qu'il ne pouvait pas me garantir que l'administration en ferait l'acquisition, parce qu'elle ne le trouvait pas assez *puissant*.

Si je n'eusse pas consenti à faire transporter cette machine à mes frais à Paris, les expériences autorisées par M. le préfet de la Seine, depuis fort long-temps, n'auraient pas pu avoir lieu; mais, certain de la supériorité de mon rouleau et des effets remarquables qu'il produit, je n'ai pas hésité à en adresser deux à Paris, à mes périls et risques. J'ai d'ailleurs la conviction intime que le cylindrage des empierrements réalisera une amélioration immense dans la viabilité des voies de communication, une économie considérable dans les dépenses de construction et d'entretien des chaussées, et qu'il entraînera l'abandon du mode d'entretien actuel. J'ai d'autant moins balancé à accepter les conditions qui m'ont été faites, que ce n'est pas dans un intérêt personnel, mais uniquement dans des vues d'utilité publique, que j'ai offert à M. le préfet de la Seine de faire des expériences de cylindrages de chaussées. Demeurant, d'ailleurs, propriétaire des rouleaux, je conservais une entière indépendance de faire ces opérations partout où je le jugerais utile.

J'ai répondu à M. l'ingénieur l'Éveillé que mes rouleaux arriveraient à Paris le 10 octobre, et que j'y serais rendu à la même époque; mais comme il me prévint que la pose des bordures de l'avenue

Gabriel, désignée pour la première expérience, éprouvait quelque retard, je ne suis arrivé ici que le 15 octobre dernier.

Je m'étais bien rendu compte que la saison était déjà avancée ; mais on pouvait encore espérer quelques semaines de beau temps, suffisantes pour exécuter les expériences projetées. Malheureusement, à mon arrivée à Paris, le terrassement de l'avenue Gabriel n'était pas achevé, et, détrempé par des pluies extraordinaires, sa solidité laissait beaucoup à désirer.

PREMIÈRE EXPÉRIENCE.

Empierrement de réparation de l'avenue du Cours-la-Reine, de 560 mètres carrés.

Un empierrement de réparation préparé à la hâte, Cours-la-Reine, depuis le corps-de-garde, près du rond-point d'Antin, jusqu'à la rue Bayard, de 140 mètres de longueur, de 4 mètres de largeur, de 0, m. 05 d'épaisseur, et d'une surface de 560 mètres carrés, a été cylindré avec un plein succès le 20 octobre dernier, et livré immédiatement à la circulation. Cette chaussée a été repiquée, à l'exception de 60 mètres que j'ai fait réserver pour prouver que cette pratique dispendieuse était inutile. Le résultat a entièrement justifié mon opinion ; la partie non repiquée est fort belle, et ne laisse rien à désirer. La marne préparée pour mastiquer cet empierrement ne pouvant servir, parce qu'elle était trop humide, j'ai employé avec succès, à cet usage, du détritus de chaussées sec et en poudre, qu'on a trouvé à côté de l'avenue. Cet empierrement, mouillé par la pluie et séché ensuite par quelques jours de beau temps, est d'une beauté et d'une solidité remarquables. Une circulation active n'y cause aucune dégradation, et même celle du chantier de bois de M. Ouvré, près du corps-de-garde, n'y a jamais fait le moindre dommage, tandis que l'ancienne chaussée de la même avenue a été immédiatement coupée d'ornières profondes par les voitures qui la traversaient en transportant des matériaux au grand carré des Champs-Elysées, pour la construction des bâtiments destinés à l'exposition des produits de l'industrie nationale.

M. l'ingénieur l'Éveillé, sous le prétexte de faire une expérience de cylindrage, qu'il aurait pu exécuter aussi bien un peu plus loin, a fait recouvrir d'une couche de pierres les trois quarts de l'empierrement susdit. Je l'avais cependant dûment averti, par ma lettre du 10 décembre dernier, que je ferais valoir cet empierrement, dont le cylindrage a été fait dans toutes les conditions normales. Cet acte arbitraire a eu lieu au moment même où les deux Commissions de membres de l'Académie des Sciences et du Conseil municipal de Paris ont fait la reconnaissance de mes expériences. Des fragments, extraits à cette occasion de la partie non couverte, attestent la solidité et la liaison parfaites de cette chaussée.

DEUXIÈME EXPÉRIENCE.

Empierrement neuf de l'avenue Gabriel, de 2,376 mètres
carrés.

Le retard apporté à l'empierrement neuf de l'avenue Gabriel, depuis la place de la Concorde jusqu'au tournant, de 317 mètres de longueur, de 7 mètres de largeur, de 0 m. 17 d'épaisseur et de 2,376 m. carrés de surface, est cause que le cylindrage de cette chaussée n'a pu être commencé que le 23 octobre. Il eût été terminé le lendemain, si la marne demandée comme matière d'agrégation m'eût été livrée sur les accotements en quantité suffisante et en qualité convenable; mais elle n'arrivait que lentement, et au lieu d'être sèche et en poudre, elle était en partie mouillée et en morceaux. J'ai dû continuer le lendemain à faire marcher les rouleaux pour introduire dans l'empierrement la marne qu'on y jetait au fur et à mesure de son arrivée. Faute d'en recevoir suffisamment, je fus cependant obligé de suspendre le cylindrage le 25 octobre, et je ne pus ce jour-là faire marcher qu'un seul rouleau à partir de dix heures du matin. Malheureusement la pluie qui survint à deux heures, mouilla la marne, au moment où elle avait été répandue d'un côté de la chaussée; elle s'attacha au rouleau et arracha l'empierrement. Le cylindrage dut donc être arrêté et porté sur la partie large de l'empierrement, près du corps-degarde, non encore couverte de marne.

Des pluies abondantes étant survenues, le cylindrage ne put être repris que le 6 novembre, et j'eus de la peine à comprimer une partie de l'empierrement, sur lequel je dus faire jeter beaucoup de sable et de gravier, pour empêcher l'adhérence de la marne au rouleau.

L'avenue Gabriel a été ouverte à la circulation le 9 novembre, sans que celle-ci ait pu la dégrader, quoique le cylindrage n'en fût pas achevé, le défaut de solidité du sol n'ayant pas permis de faire marcher le rouleau à pleine charge. Il devenait indispensable de placer les caniveaux, parce que l'empierrement était sans appui des deux côtés. J'avais déjà exprimé à M. l'ingénieur l'Éveillé le désir que les caniveaux fussent posés avant l'empierrement de l'avenue Gabriel, pour lui prêter appui et pour éviter des frais inutiles. Je lui en ai ensuite renouvelé la demande verbalement, et par mes lettres des 21 novembre et 7 décembre. Mais ce travail, ainsi que le pavage des trottoirs qu'on aurait pu ajourner facilement, ont tellement traîné en longueur, que, d'après la lettre de M. l'ingénieur l'Éveillé, du 9 décembre, l'avenue Gabriel n'a dû m'être livrée que le 11 dudit mois, débarrassée de toutes entraves.

Je me suis empressé de faire commander un attelage pour achever enfin le cylindrage de cette chaussée; mais, à mon grand étonnement, l'empierrement de raccordement avec les caniveaux avait été fait d'une manière si défectueuse, que je dus le faire reprendre entièrement et y employer trente-trois mètres cubes de pierres meulières, mieux cassées que celles dont on avait déjà fait usage. Ce ne fut que le

12 décembre, à deux heures, que le redressement
de l'empierrement de raccordement put être terminé ; mais son cylindrage, arrêté par la gelée, ne
put être porté qu'à trente-quatre tours. Malgré cela,
cet empierrement, livré immédiatement à une circulation active et même de gros roulage, de transport de terres et de matériaux, y a parfaitement
résisté, même au dégel. Quatorze tours à vide et
vingt tours à demi-charge, ensemble trente-quatre
tours du rouleau, ou six passages partout, ont
donc consolidé cette chaussée ; il en résulte la
preuve que dix passages du rouleau et deux à trois
centimes de dépense suffisent ordinairement pour
affermir et mastiquer un empierrement, lorsque
le cylindrage a lieu dans des conditions normales.
Il ne sera plus nécessaire de faire sur cette avenue
les dix-huit tours ou trois passages partout à pleine
charge de rouleau que je m'étais réservé d'effectuer
plus tard, et dont la dépense est portée dans mes
comptes.

M. l'ingénieur l'Éveillé, qui ne voulait d'abord
donner à l'empierrement de l'avenue Gabriel que
l'épaisseur insuffisante de 0 m. 10, a été conduit
par la force des choses à le porter à celle de 0 m.
196. Il y aurait donc eu grande économie à le faire
primitivement de 0 m. 20 d'épaisseur, comme je l'ai
demandé par ma lettre du 20 octobre, et à placer
immédiatement les caniveaux. On eût alors évité les
frais de deux empierrements et de deux cylindrages.

J'appelle particulièrement l'attention sur la lettre
de M. l'ingénieur l'Éveillé, du 9, et sur ma réponse

du 19 décembre, parce qu'elles renferment tous les détails sur mes expériences, et que cet ingénieur me reproche d'avoir retardé l'achèvement du cylindrage de l'avenue Gabriel, lorsque c'est au contraire lui qui a causé tout le retard, malgré mes constantes et pressantes réclamations.

TROISIÈME EXPÉRIENCE.

Empierrement de réparation de l'avenue du Cours-la-Reine, de 3,552 mètres carrés.

L'empierrement de l'avenue du Cours-la-Reine, depuis la rue Bayard jusqu'au corps-de-garde de Chaillot, de 444 mètres de longueur, de 8 mètres de largeur, de 0 m. 162 d'épaisseur et de 3,552 mètres carrés de surface, a été également fait avec lenteur et d'une manière trop défectueuse pour que je ne dusse pas en demander la rectification. Je n'ai donc pu en commencer le cylindrage que le 14 novembre dernier.

Pour éviter le renouvellement du désordre qui avait eu lieu à l'avenue Gabriel, j'ai demandé que les quantités de matières d'agglomération nécessaires fussent d'avance déposées sur les accotements. J'ai consenti à en donner récépissé, et à exercer un contrôle sur les ouvriers dans le cours de mes opérations. Au jour fixé pour le cylindrage, je n'ai pas trouvé en place la moitié de ces matières, qui n'y sont pas même arrivées en totalité dans la journée du lendemain. La marne était en grande partie humide et en morceaux, au lieu d'être sèche et en poudre. Le cylindrage, qui aurait dû être achevé le lendemain, n'a pas même pu l'être le sur-lendemain. J'ai été obligé d'employer beaucoup de gravier et de sable, pour empêcher l'adhérence de la marne mouillée au rouleau ; et, malgré cela, cette marne trop humide et trop peu divisée ne pénétrait pas suffisamment dans l'empierrement pour le mastiquer dans toute son épaisseur. Je dus alors avoir recours à l'eau, pour liquéfier la marne. Je fis arroser abondamment l'empierrement, et je le cylindrai ensuite pendant la pluie. La marne rendue liquide ne s'attachait plus au rouleau, et l'empierrement fut complétement mastiqué. C'est au succès de cette opération entièrement contraire à la méthode ordinaire, qui consiste à introduire dans l'empierrement des matières d'agrégation sèches et en poudre, qu'est due la parfaite réussite du cylindrage de cette chaussée. Ouverte à la circulation le 20 novembre dernier, elle a toujours été parfaitement viable, et dès que l'eau qu'on a dû y porter en grande quantité avait disparu, elle a été aussi belle que solide.

La solidité de cette chaussée est très-remarquable : les plus grosses charrettes chargées lourdement de pierres de taille, pour aller par la rue Bayard à un chantier rue Jean-Goujon, n'y font pas la moindre dépression ni dégradation ; tandis que l'ancienne chaussée Cours-la-Reine a été immédiatement coupée d'ornières profondes par les voitures qui ont transporté des matériaux au grand carré des Champs-Élysées, pour la construction des bâtiments destinés à l'exposition des produits de l'industrie nationale. Ces ornières, malgré de fréquentes réparations, se sont toujours reproduites. Il en résulte la preuve qu'un empierrement cylindré peut seul donner une chaussée capable de résister à l'action du roulage, et qu'on ne peut l'obtenir par les procédés ordinaires.

Je m'étais réservé de faire dix-huit tours ou trois passages partout à pleine charge de rouleau, dont j'ai porté la dépense dans mes comptes, sur l'empierrement susdit; mais plus de deux mois d'une circulation active dans la plus mauvaise saison de l'année attestent la parfaite solidité de cette chaussée, qui n'a ainsi plus besoin du cylindrage à pleine charge que je voulais encore y faire.

Les trois expériences de cylindrage d'empierrement que j'ai faites ont ainsi parfaitement réussi, malgré les nombreuses difficultés que j'avais à vaincre dans une saison très-avancée. Le desséchement d'une chaussée cylindrée est toujours le dernier terme de sa consolidation, en ce que les matières d'agrégation forment des hydrates qui lient intimement la couche, et lui donnent essentiellement le caractère d'imperméabilité.

Je joins ici les états de mes opérations, sur lesquels j'ai porté les matériaux employés et les dépenses du cylindrage (1), savoir :

---

(1) Je laisse subsister les comptes tels que je les ai fournis, mais en faisant observer que trente-six tours de rouleau à pleine charge, réservés pour mes deuxième et troisième expériences, n'ont pas eu lieu.

CHAUSSÉES.	Surface.		Pierres.		Mat. d'agrég.		cylindrag.	main d'œu	Nombre des passages du rouleau sur toute la surface.	Dépenses aux prix				Dép. p. mètre carré			
	m.carr.	c.	m.carr.	c.	m. cub.	c	heur	heur		de Bouxwiller.		de Paris		à Bouxwiller.		à Paris.	
										fr.	c.	fr.	c.	fr.	c.	fr.	c.
Avenue Cours la Reine...	560	00	28	00	10	00	14	48	26 1/4	47	76	73	56	0	085	0	131
Aven. Gabriel	2376	00	466	00	117	00	66	332	44	237	84	370	04	0	100	0	155
Avenue Cours la Reine...	3552	00	577	90	139	09	67	362	42 1/2	280	44	483	85	0	079	0	155
Totaux	6488	00	1071	90	266	09	147	742		566	04	927	45				

Je joins de plus copie de ma correspondance avec
M. l'ingénieur l'Éveillé : elle renferme des détails
qu'il importe de connaître pour apprécier mes opérations en parfaite connaissance de cause, et pour
juger de toutes les difficultés que j'ai eu à vaincre.
Ces difficultés ne peuvent que mieux faire ressortir
les avantages de mon rouleau pour convertir immédiatement les empierrements en chaussées belles et
solides.

Procédés actuels de construction et d'entretien des chaussées.

Les règlements actuels défendent les emplois gé-
néraux de pierres, c'est-à-dire qu'il n'est permis de
remplacer l'usure que par le répandage de matériaux sur une longueur de quelques mètres, afin d'engager les voitures à y passer sans se détourner. Ce
n'est qu'après l'écrasement de deux cinquièmes de ces
matériaux qu'ils se réunissent en couche peu solide,

parce qu'elle renferme trop de détritus pour résister à l'action de la pluie et au choc des roues, qui agissent d'une manière d'autant plus destructive, que la chaussée présente plus d'inégalités. Les réparations journalières, qui constituent essentiellement la pratique de l'entretien des routes, consistent à mettre des matériaux dans les parties les plus déprimées ou les plus usées, de sorte qu'une chaussée ne se compose que d'une multiplicité de pièces mises successivement, et qui sont toujours saillantes au moment où elles sont faites. Une chaussée ne peut donc jamais arriver par ce moyen à un niveau parfait, comme cela a lieu pour les empierrements cylindrés, façonnés par le rouleau. L'empierrement doit être établi avec tout le soin nécessaire, car le cylindrage, qui fait disparaître de faibles inégalités, né peut empêcher qu'il ne se forme des dépressions dans les parties non suffisamment garnies de matériaux. Les empierrements cylindrés conservent le bombement, si utile pour la conservation d'une chaussée, car l'eau qui séjourne dans les cavités d'une route est un agent destructeur auquel les meilleurs matériaux ne sauraient résister longtemps.

Les routes faites et entretenues d'après les procédés ordinaires sont généralement concaves, parce que les voitures détruisent en partie le bombement des empierrements neufs, et l'usure est si grande sur le milieu des routes, qu'on manque souvent des matériaux nécessaires pour remplacer ceux détruits par la circulation. Il est d'ailleurs fort difficile, sinon impossible, de rétablir le bombement d'une chaussée

par de petites réparations partielles et de peu d'é-
paisseur. Ce n'est que par une couche d'une épaisseur convenable que le bombement d'une chaussée
peut être refait, et le rouleau seul peut lier et façon-
ner de pareils empierrements.

A défaut de moyens de convertir les empierrements en une couche solide, on a été conduit à faire
l'emploi des matériaux dans la saison pluvieuse,
parce que l'humidité favorise leur agrégation; mais
il en résulte de grandes pertes, surtout pour les
pierres calcaires, qui deviennent plus molles lorsqu'elles sont imprégnées d'eau. Beaucoup de matériaux sont d'ailleurs enfoncés dans le sol ou relevés
avec les boues dans l'arrière-saison, tandis qu'une
faible couche cylindrée en été, résiste parfaitement
à la circulation en hiver. Il y a donc lieu de faire
dans la belle saison, plus favorable aux travaux,
l'emploi des matériaux, et de procéder par aména-
gement et par couche de réparation cylindrée.

L'entretien des chaussées se fait par des réparations partielles journalières; mais il n'y a aucune
règle pour la construction de chaussées neuves, qui
évidemment ne sont pas viables, et qu'il est impossible de parcourir sur une certaine longueur sans
estropier les pieds des chevaux et sans harasser les
attelages, même avec de faibles chargements.

Le cylindrage donne aux empierrements immédiatement une viabilité et une solidité parfaites; il
empêche l'écrasement des matériaux, qui a lieu dans
une proportion considérable d'après les procédés
actuels, où les matériaux sont fixés par le roulage.

Les chaussées formées d'après cette méthode renferment de 40 à 50 pour 100 de détritus provenant de l'écrasement des matériaux. C'est un travail aussi onéreux que pénible, qu'on n'a imposé à la circulation que parce que l'on ne connaissait aucun moyen facile et économique pour comprimer les empierrements et les réunir en couches. On peut cependant dire à bon droit qu'une route n'est pas faite lorsqu'on y a répandu les matériaux, et que leur réunion en couche est le complément essentiel de la construction et de l'entretien des chaussées. Les sacrifices qu'on impose aux attelages, en les forçant de passer sur des empierrements non comprimés, sont aussi inutiles qu'onéreux ; car, en écrasant 40 pour 100 des matériaux des empierrements, pour les lier, on n'obtient que des couches peu solides, d'une surface inégale et qui exigent des réparations fréquentes et dispendieuses. Pourquoi forcerait-on le roulage à écraser les deux cinquièmes des matériaux? C'est une perte considérable, qui produit encore l'effet funeste d'introduire dans les chaussées une quantité trop forte de détritus, qui altère gravement leur solidité.

Cylindrages des empierrements et effets des rouleaux compresseurs de formes et de poids divers.

La compression des empierrements par le rouleau n'a aucun des inconvénients que je viens de signaler. Elle donne immédiatement des chaussées viables d'une grande solidité. Le cylindrage n'écrase point de matériaux ; il mastique les empierrements avec 15 pour 100 de matières d'agrégation (1), dont le quart au moins est à la surface de la couche, et s'enlève par les premiers ébouements qui ont lieu pendant les pluies qui surviennent après le cylindrage.

La compression des empierrements par le rouleau ne coûte que quelques centimes par mètre carré ; les matières d'agrégation n'ont également que fort peu de valeur, et, assurément, pas même la moitié de celle des pierres que le roulage est aujourd'hui obligé d'écraser pour donner le liant nécessaire aux chaussées. En cylindrant les empierrements neufs et de réparation, il n'y a plus aucun écrasement de matériaux, et leur usure se borne à celle d'un simple frottement sur une couche unie et compacte. Il y a donc économie considérable de matériaux, et économie non moins considérable de la main-d'œuvre actuelle, qui occasionne de si grandes dépenses. La moitié au moins de la dépense actuelle en main-d'œuvre pourra être économisée et appliquée à l'a-

------

(1) Les matières d'agrégation grasses, telles que les détritus de pierres calcaires et de chaussées, la marne, le leimen, et toutes espèces de terres ayant suffisamment de liant, doivent être employées pour mastiquer les empierrements de matériaux silicieux et granitiquès, et pour leur donner le caractère d'imperméabilité. Ces matières peuvent aussi servir à mastiquer les chaussées de pierres calcaires ; mais comme celles-ci ont beaucoup de liant, on peut également se servir de sable, ce qui facilite le cylindrage, lorsqu'il a lieu par un temps pluvieux.

chat de matériaux, car des chaussées cylindrées n'ont pas besoin d'un entretien journalier, comme les routes actuelles.

Il serait donc peu rationnel de continuer à faire écraser par le roulage deux cinquièmes des matériaux des empierrements, lorsqu'on peut les conserver intacts par une addition de 15 pour 100 de matières d'agrégation, et par un cylindrage qui n'exige qu'une dépense minime.

On doit donc s'étonner que les rouleaux compresseurs, dont on fait usage depuis huit ans dans quelques départements, n'aient pas encore reçu une application générale, et qu'il existe encore aujourd'hui de l'incertitude sur la différence des effets produits par les rouleaux lourds et à grand diamètre, et les rouleaux légers et à petit diamètre, sur les procédés de cylindrage et sur la nature des matières d'agrégation.

Avant mon arrivée à Paris, je ne connaissais pas les rouleaux lourds et à grand diamètre, ni leur effet, parce qu'il n'en existe pas dans le Bas-Rhin ni dans les départements circonvoisins. C'est ici que j'ai vu fonctionner pour la première fois un de ces rouleaux. J'ai été frappé de la difficulté de le faire marcher, des frais considérables de traction qu'il exige, et des dégradations que causent les pieds d'un trop grand nombre de chevaux travaillant avec effort et qui neutralisent en grande partie l'effet utile de cette machine. J'ai de plus observé que l'ondulation de la couche, qu'on remarque devant le rouleau en mouvement, était beaucoup plus faible en opérant avec un grand rouleau qu'avec le mien, qui est léger et à petit diamètre. Cette observation a été pleinement justifiée par l'effet que produisent ces machines de forme et de poids différents.

L'empierrement de l'avenue Gabriel, de 17 centimètres d'épaisseur réduit à 14 centimètres après la compression, n'était lié et mastiqué à la surface qu'à une profondeur de 6 à 7 centimètres (1) dans la partie comprimée avec le rouleau de l'administration des ponts et chaussées, de 1 mètre de longueur, de 2 mètres 30 centimètres de diamètre, et du poids d'au moins 5,000 kilogrammes, tandis que dans la partie que j'ai cylindrée avec mes rouleaux marchant à vide, la couche entière était liée et mastiquée à une épaisseur de 7 centimètres d'en bas par le sol, et de 7 centimètres d'en haut par les matières d'agrégation mises à la surface de la couche. Ainsi se trouve confirmée l'opinion que j'ai depuis longtemps émise, que l'enchevétrement des matériaux, leur liaison par une matière d'agrégation et leur réunion en couche compacte, s'opèrent le plus facilement et le plus complétement sous une pression modérée.

MM. les ingénieurs des ponts et chaussées admettent généralement que pour obtenir une chaussée solide, le rouleau doit exercer une pression égale à

---

(1) Les chaussées comprimées par le roulage ne sont liées qu'à une profondeur de deux à trois centimètres, à l'exception des parties qui ont été labourées par les roues des voitures.

celle des roues des voitures ou au moins s'en rapprocher le plus possible. C'est à cette opinion que je
dois attribuer le peu de progrès qu'a fait la propagation de ces machines d'une utilité si évidente et d'un
usage si facile et si économique lorsqu'elles sont
construites dans de bonnes proportions.

L'idée de faire des rouleaux lourds a généralement
donné lieu à les construire de 1 mètre 50 centimètres
de longueur et de 2 mètres de diamètre, et du poids
de 5 à 6,000 kilogrammes, pouvant être porté à
10,000 et même jusqu'à 14,000 kilogrammes, principalement en remplissant l'intérieur des cylindres
par différentes matières.

Mon rouleau est de 1 mètre 30 centimètres de
longueur et de 1 mètre 30 centimètres de diamètre;
il pèse 3,140 kilogrammes et est surmonté d'une
caisse pouvant contenir 3,000 kilogrammes de
pierres et un poids double en fonte; mais je ne le
charge jamais de plus de 3,000 kilogrammes; ayant
reconnu qu'alors son poids total de 6,000 kilogrammes (1), est suffisant pour comprimer les empierrements et pour leur donner une parfaite solidité (2).

---

(1) On aura remarqué que l'empierrement de raccordement de l'avenue Gabriel a été parfaitement comprimé
et mastiqué en six passages de mon rouleau à vide et à
demi-charge.

(2) Les gouvernements de Bavière et de Bade, qui ont
fait venir, en 1842, des rouleaux compresseurs de MM. de

Il résulte de la lettre de M. le commandant Fuchsamberg, chef du service des fortifications à la Chapelle-Saint-Denis, du 18 janvier, qui fait partie des pièces justificatives imprimées à la suite de ce Mémoire, que le rouleau compresseur des fortifications de Paris, de 1 m. 65 de longueur, de 2 m. 00 de diamètre, du poids de 6,100 kilogrammes à vide, et de 9,700 kilogrammes chargé, exige 16 à 18 chevaux pour le conduire ; que les empierrements comprimés avec ce rouleau par de nombreux passages, jusqu'à extinction de tout mouvement de la couche mastiquée avec du sable, n'ont été liés et mastiqués qu'à une profondeur de 0 m. 10 à 0 m. 12 de la surface ; que la partie inférieure n'était ni comprimée ni mastiquée ; que cette chaussée, complétement bouleversée par le roulage, a dû être refaite entièrement (1).

L'empierrement du quai Saint-Michel, devant l'Hôtel-Dieu, cylindré avec un rouleau lourd et à

Dietrich frères, de Reichshoffen, et qui en ont fait usage d'après mes indications, ont été si satisfaits des effets de cette machine, qu'ils en ont généralisé l'usage pour la construction et l'entretien des chaussées.

(1) Je regrette vivement que le défaut de marne ou d'autres matières sèches ne m'ait pas permis d'achever le cylindrage de l'empierrement de la chaussée qui longe l'enceinte de la Chapelle-Saint-Denis. M. le maréchal ministre de la guerre a bien voulu autoriser ces expériences pour lesquelles MM. les officiers du génie m'ont prêté le concours le plus empressé.

grand diamètre, et mastiqué avec du sable, a été également bouleversé par le roulage, et on le répare depuis quelque temps d'après les procédés ordinaires, en le rechargeant fréquemment de cailloux.

M. l'ingénieur l'Éveillé n'a pas été plus heureux en cylindrant avec un rouleau de 2 m. 30 de diamètre, du poids de 5,000 kilogrammes à vide, une partie de l'avenue Gabriel, à partir du tournant, vers la rue de Marigny, et en le mastiquant avec du sable ; car cet empierrement s'est mis en désordre, comme je l'avais prédit, et on a été obligé d'y porter de la marne, et de le piloner pour lui donner quelque consistance. L'indication faite par M. de Coulaine, ingénieur du département de Maine-et-Loire, qu'on pouvait mastiquer et lier des pierres siliceuses avec du sable, a déjà donné lieu à plus d'un mécompte pareil.

Un attelage de six chevaux conduit facilement mon rouleau, tandis que les grands rouleaux exigent jusqu'à quatorze chevaux et plus, et ne peuvent pas marcher sur des pentes au-dessus de cinq centimètres.

D'après le tarif actuel sur la police du roulage, les roues des voitures exercent une pression de 150 à 180 kilogrammes par zône d'un centimètre des roues, tandis que celle de mon rouleau de 1 mètre 30 centimètres de longueur n'est que de 23 kilogrammes à vide et de 46 kilogrammes chargé avec des pierres. Pour donner aux rouleaux de 1 mètre 50 centimètres de longueur une pression égale à celle des roues des voitures, il faudrait en porter le poids de 22,500 à 27,000 kilogrammes, ce qui n'est pas faisable, car une pareille machine exigerait une force de traction énorme, et elle enfoncerait les empierrements dans le sol, puisque mon rouleau, chargé à 6,000 kilogrammes, agit sur l'empierrement à une profondeur de 30 centimètres.

En cherchant à construire des rouleaux lourds, on est un peu allé contre le but en leur donnant trop de longueur et un trop grand diamètre, mais on s'est sans doute laissé aller à cette combinaison pour donner à l'intérieur du cylindre une grande capacité.

Le chargement de l'intérieur du cylindre a engendré un autre inconvénient très-grave, celui d'augmenter considérablement les frais de traction, parce que les objets avec lesquels on le remplit ont nécessairement du jeu, et portent, en roulant, constamment, le centre de gravité dans la partie inférieure du cylindre.

Mais le défaut capital des rouleaux lourds est dans leur trop grand diamètre. Un cylindre de 2 mètres de diamètre est en contact avec l'empierrement sur une largeur de 40 à 50 centimètres. Il ne remue la couche que faiblement, et ne la mastique qu'à une profondeur de 6 à 7 centimètres.

Mon rouleau, au contraire, ne repose sur le sol que sur une largeur de 28 à 30 centimètres; il remue fortement la couche, l'enchevêtre et la mastique jusqu'à la profondeur de 30 centimètres. C'est à cette différence de contact de près de moitié, et aussi à celle du poids, qu'il faut attribuer l'effet essentiellement différent que produit le cylindrage. On comprend ainsi qu'une couche qui est entièrement comprimée et mastiquée constitue immédiatement une chaussée parfaite, tandis que celle qui n'est liée qu'à la surface doit nécessairement céder à l'action du roulage, et doit avoir besoin de nouveaux cylindrages pour sa parfaite consolidation.

M. L. Dumas, ingénieur en chef du département de la Sarthe, explique clairement, dans son écrit, la construction des chaussées d'empierrement (1843), l'usage du rouleau lourd et à grand diamètre. Il sert à une première compression de l'empierrement, qu'on livre ensuite à la circulation; on répare au pilon la dégradation qu'elle y fait. Quand le roulage a entièrement affermi la chaussée, on y passe de nouveau le rouleau, pour la niveler complétement. L'intervention du roulage est nécessaire, parce que le rouleau lourd et à grand diamètre presse plus qu'il ne remue la couche, et qu'il est impuissant à la comprimer et à la mastiquer dans la partie inférieure.

Frais de cylindrage.

Les frais de cylindrage des trois expériences que j'ai faites s'élèvent, en moyenne, d'après mes états, à 927 fr. 45 c. pour 6,488 mètres carrés d'empierrement, soit à 0 fr. 14 c. par mètre carré (1). C'est

---

(1) On a déjà vu que le cylindrage de l'empierrement de

une bien faible dépense, sans doute, pour obtenir
des chaussées immédiatement viables, sans écrasement de matériaux ; elle est cependant quintuple de
ce qu'elle sera en opérant dans des conditions tout-à-
fait normales. Le surcroît de dépenses qui a eu lieu
s'explique facilement par les difficultés qu'ont ren-
contrées mes opérations, pendant lesquelles je n'ai
jamais pu recevoir les matières d'agrégation en
quantité suffisante, en qualité parfaite, et en temps
opportun. — L'adhérence des matières d'agrégation
humides se fait en proportion du poids du rouleau.
Pour empêcher cette adhérence, j'ai donc été obligé
de faire marcher le rouleau longtemps à vide et à
demi-charge. J'ai ainsi dû multiplier le nombre
des passages pour obtenir les effets produits par le
chargement graduel du rouleau.

A l'avenue Gabriel, il a même fallu cylindrer deux
couches, au lieu d'une, parce qu'un empierrement
de raccordement a dû être étendu sur les trois quarts
de la surface de la chaussée.

En raison de la saison trop avancée, et du défaut
de matières d'agrégation sèches, j'ai décliné en
décembre dernier la proposition de M. l'ingénieur
l'Éveillé, de faire un cylindrage d'empierrement

---

raccordement de l'avenue Gabriel a été fait en six passages, et qu'il n'a coûté que 2 centimes le mètre carré, et
que je n'ai pas fait usage des trente-six tours à pleine charge
de rouleau réservés pour mes deuxième et troisième expériences.

sur l'avenue de Neuilly. J'ai fait remarquer à cette occasion que la partie supérieure de cet empierrement devrait être faite en pierres cassées, à 3 ou 4 centimètres de grosseur, et non à 6 centimètres, comme cela a eu lieu pour ceux que j'ai comprimés. Des matériaux bien cassés rendent la surface d'une chaussée plus belle et plus solide. En faisant passer les cailloux au crible ou à la claie, il serait facile de les trier selon la grosseur qui convient à leur emploi.

On s'est servi de cailloux non triés pour l'entretien de l'avenue de Neuilly; il en résultait que cette chaussée renfermait beaucoup de gros cailloux saillants qui la rendaient cahotante.

Dans la belle saison, où le cylindrage ne rencontre pas les obstacles que j'ai eu à surmonter dans mes expériences de l'année passée, il est plus facile de démontrer que les indications énoncées dans la deuxième édition de mon Mémoire sur le rouleau compresseur (1) sont aussi exactes quant à la dépense, qu'elles le sont quant aux effets remarquables du rouleau, si cette preuve ne résultait déjà du cylindrage de l'empierrement de raccordement de l'avenue Gabriel, qui a été parfaitement consolidé

---

(1) Se vend, ainsi que le présent Mémoire, au profit de la Salle d'asile et des Écoles primaires de Bouxwiller:

A Paris, chez P. Bertrand, rue Saint-André-des-Arts, 38;
C. Gœury et V. Dalmont, quai des Augustins, 39-41;
Bouchard-Huzard, rue de l'Eperon;
Et à Strasbourg, chez V. Levrault.

et mastiqué par six passages à vide et à demi-charge du rouleau, et avec une dépense de 2 centimes par mètre carré.

Tout le monde sent les avantages qu'offre à la circulation le cylindrage des empierrements, et il est tout aussi facile d'apprécier l'économie qui en résulte, en considérant que les deux cinquièmes des matériaux ne seront plus écrasés, et que la moitié au moins de la main-d'œuvre (1) nécessitée par les procédés actuels pourra être épargnée.

Rien ne justifie mieux la solidité des chaussées cylyndrées que l'examen des couches qu'on obtient par ce procédé.

Les matériaux sont enchevêtrés, liés et mastiqués par un *minimum* de matières d'agrégation, tandis que les chaussées ordinaires se composent de matériaux superposés, mêlés d'une grande quantité de détritus inégalement répartie dans la couche. Ces derniers empierrements ont donc nécessairement peu de solidité, et peuvent être facilement dégradés par l'action de l'eau et des roues des voitures. Les chaussées cylindrées, au contraire, qui conservent leur bombement, ont d'autant moins à redouter l'eau, qu'elles forment des couches imperméables, et

___

(1) Pour l'année 1844, les dépenses pour les routes départementales du Bas-Rhin sont fixées à 162,400 fr. pour achat de matériaux, et à 119,000 fr. pour main-d'œuvre. Cette dernière se monte ainsi à près de 3/7mes de la dépense totale de 281,400 fr.

qu'elles sont presque uniquement composées de pierres.

Il est facile de se convaincre de ces vérités, en examinant la composition et la liaison des couches de chaussées cylindrées et de chaussées faites par les procédés ordinaires. Un fragment d'un empierrement cylindré, il y a deux ans, à Bouxwiller, et des fragments de chaussées cylindrées du Cours-la-Reine, ont été soumis à l'Académie des Sciences.

Tarif sur la police du roulage.

D'après les expériences faites par M. Arthur Morin, le tarif, tel qu'il existe actuellement, est nuisible aux routes, en ce que les jantes dépassant 12 centimètres de largeur dégradent les chaussées dans une proportion plus forte. Il a été constaté par ces expériences que les jantes d'une grande largeur, ne posant pas uniformément sur les chaussées actuelles, en dégradent d'autant plus les parties saillantes, que le poids des chargements est plus considérable. J'ai reconnu que cet inconvénient n'existe pas pour les chaussées cylindrées, qui présentent une surface unie, sur laquelle les jantes plus larges posent d'une manière égale. D'ailleurs ces chaussées sont tellement solides et compactes, que l'on peut sans danger étendre le tarif de roulage de manière à donner toutes les facilités désirables à l'industrie des transports. Il importerait ainsi de renouveler les expériences de M. Morin sur des chaussées cylindrées ; car si elles confirmaient mon opinion, comme je ne puis en douter, le projet de loi sur la police du roulage devrait subir des modifications favorables à la circulation. Dans ce cas, le matériel de voitures à jantes larges, que le tarif dudit projet de loi tend à détruire, pourrait être conservé.

ÉTAT du cylindrage de l'empierrement de l'avenue *COURS-LA-REINE*, *à partir du corps-de-garde près du rond- point d'Antin jusqu'à la rue Bayard, de 140 mètres de longueur, sur une largeur de 4 mètres et de 0 m. 05 d'épaisseur, représentant une surface de 560 mètres carrés et 28 mètres cubes de matériaux, savoir :*

500 mètr. carr., empierrés en cailloux   à 0 m 05   25 m. cubes de cailloux.

60   en p. meulières à 0   05   3   de pierres meul.

560 mètres carrés   28 mètres cubes.

	Prix de Bouxwiller		Prix de Paris		Dépense par mètre carré	
	par heur.	montant.	par heur.	montant.	à Bouxwiller.	à Paris.
1843.						
Octobre 20. Frais de 14 heures de marche de rouleau, d'un attelage de 6 chevaux. . .	3 00	42 00	4 50	63 00	0 075	0 112
14 heures de travail de deux hommes guidant le rouleau.	0 24	3 36	0 44	6 16	0 006	0 011
		f. 45 36		69 16	0 081	0 123
20 heures de main-d'œuvre pour répandre 10 mètres cubes de détritus de chaussée. . .	0 12	2 40	0 22	4 40	0 004	0 008
		f. 47 76		73 56	0 085	0 131

ÉTAT du cylindrage de l'empierrement de l'avenue *GA-
BRIEL*, de 472 mèt. 40 de longueur, dont j'ai cylindré
la première partie, de la place de la Concorde jusqu'à
l'angle du tournant, de

317 mètres de longueur, 7 mètres de largeur, présentant une surface de 2219 mètres carrés, ci . . . .   2219 mèt. carr.

Plus l'angle de la plus grande largeur de l'avenue à l'entrée de la place de la Concorde, d'une surface de.   157   »

2376 mèt. carr.

M. l'ingénieur l'Éveillé a fait cylindrer pendant deux jours avec son rouleau de 1 mètre de largeur de 2 m. 30 de diamètre et d'un poids d'au moins 5000 kilog., puis avec mes rouleaux, le surplus de cette avenue vers la rue de Marigny, savoir :

80 00   de longueur mastiqué avec du sable de rivière et du résidu de pierres meulières de 7 mèt. de largeur, donnant une surface de   560

75 40   de longueur, mastiqué avec de la marne, de 7 mèt. de largeur, donnant une surface de 527 80

472 40   de longueur présentant une surface de. . . . . .   3463 80 m.

Matériaux employés.

		m. cubes.	m. cubes.
Premier empierrement. . . . . Cailloux.	410 33	}	593 45
Pierres meulières.	183 12	}	
Empierrement de raccordement. Cailloux.	28 53	}	86 18
Pierres meulières.	57 65	}	

Surface 3463 mèt. carrés 80, épaisseur de l'empierrement 0, 196, matériaux. 679 63

mèt. carr.

L'empierrement que j'ai cylindré de 2376 00 sur 0 196 a reçu 466 0 de pierre.
L'empierrement cylindré par
M. l'ingénieur l'Eveillé, de. . .   1088 00   0 196   213 63

3464 00   679 63

264 tours de rouleau, à raison de 6 tours pour couvrir l'empierrement d'une largeur de 7 mètres, font 44 passages sur toute la surface de la chaussée.

TABLEAU comparatif des frais de Bouxviller et de Paris.

	Prix de Bouxwiller		Prix de Paris		Dép. par m. carré	
	par heur.	montant.	par heur.	montant.	Bouxwiller.	Paris.
Frais de 66 heures de marche de rouleau d'un attelage de 6 chevaux avec ses charretiers..........	3 00	198 00	4 50	297 00	0 083	0 125
66 heures de travail de deux hommes guidant le rouleau.	0 24	15 84	0 44	29 04	0 007	0 012
		f. 213 84		326 04	0 090	0 137
200 heures de main d'œuvre pour répandre 117 mètres cubes de matières d'agrégation, de gravier et de sable. . .	0 12	24 00	0 22	44 00	0 010	0 018
		f. 237 84		370 04	0 100	0 155

31

Cylindrage.

1843.	ATTELÉ.			DÉTELÉ		TRAVAIL.		Tours.				Pet. tours à l'entr. de l'aven. pr du c. de gar	OBSERVATIONS.
	chevaux.	heures.	minutes.	heures.	minutes.	heures.	minutes.	à vide.	à dem. charge.	3 q. de charg.	charge entière.		
Oct. 21	6	12	00	5	30	5	30	22					pour comprimer la couche de gravier, afin d'y mettre la pierre meulière.
» »	7	12	00	5	30	5	30	22					
						11	00	44					
Oct. 23	6	3	00	6	00	3	00	11	»	»	»	»	
» »	7	3	30	6	00	2	30	8	»	»	»	»	
» 24	6	6	00	10	30	4	30	18	»	»	»	»	Passages de rouleau sur la longueur de 317 mètres.
» »	7	6	00	10	30	4	30	18	»	»	»	»	
» »	6	2	00	5	30	3	30	14	»	»	»	»	
» »	7	2	00	5	30	3	30	14	»	»	»	»	
» 25	6	10	00	12	00	2	00	9	»	»	»	»	
» »	6	1	30	5	30	4	00	8	»	»	»	27	
Nov. 6	6	8	00	12	00	4	00	14	»	»	»	20	
» »	6	1	00	5	00	4	00	6	11	»	»	»	
» 8	8	10	45	5	00	6	15	»	30	»	»	»	
» 9	8	7	00	12	00	5	00	18	»	»	»	29	
» »	8	1	00	5	00	4	00	14	»	»	»	»	
» 13	6	1	00	5	00	4	00	4	15	»	»	33	
Déc. 11	6	7	00	11	30	4	30	»	»	»	»	32	
» »	6	3	15	4	30	1	15	»	»	»	»	20	
» 12	6	9	30	5	00	5	30	12	20	»	»	»	
» 13	6	7	00	7	30	0	30	2	»	»	»	»	
» »	6					4	30	»	»	»	18	»	N'auront pas lieu.
						71	00	170	76	»	18	161	

Récapitulation.

Tours à vide. 170
  — à demi-charge. 76
  — à charge entière 18

Total des tours de la place de la Concorde jusqu'à l'angle du tournant d'une longueur de 317 mètres. . . 264 à 15 minutes par tour, soit 66 heur.

ÉTAT du cylindrage de l'empierrement de l'avenue *COURS-LA-REINE*, depuis la rue Bayard jusqu'au corps-de-garde de Chaillot, de 444 mètres de longueur, de 8 mètres de largeur, d'une épaisseur de 0 m. 162 présentant une surface de 3552 mètres carrés, et l'emploi de 577 m. 90 cubes de cailloux et de pierres cassées.

	ATTELÉ.			DÉTELÉ.		TRAVAIL.		Tours				OBSERVATIONS.
	chevaux.	heures.	minutes.	heures.	minutes.	heures.	minutes.	à vide.	à demi-charge.	à 3 q. charge.	charge ent.	
1843												pour comprim. la couche de gravier de l'empierrem.
Nov. 11	6	3	00	5	00	2	00	10	»	»	»	
Nov. 14	6	6	30	5	00	9	30	41	»	»	»	
» »	6	7	00	5	00	9	00	40	»	»	»	
» 15	6	1	30	5	00	3	30	18	»	»	»	
» »	6	2	30	5	00	2	30	14	»	»	»	
» 17	6	12	30	5	00	4	30	5	17	»	»	
» 18	6	10	30	12	00	1	30	»	6	»	»	
» 19	6	9	00	10	30	1	30	3	»	»	»	
» 20	6	12	00	5	00	5	00	18	»	»	»	
» 21	6	12	00	5	00	5	00	2	20	»	»	
» 23	6	1	30	5	00	3	30	»	18	»	»	
» 25	6	7	00	5	00	9	00	28	12	»	»	
» 26	6	7	30	12	30	5	00	»	»	20	»	
Déc. 11	6	1	00	3	15	2	15	18	»	»	»	
						3	15	5	15	»	»	»	18	N'auront pas lieu.
						67	00	187	73	20	18	

Récapitulation.

Tours à vide. 187
— demi-charge. 73
— trois quarts de charge. 20
— charge entière. 18
TOTAL des tours. . . . . . . 298 faits en 67 heures de temps.

Journées d'ouvriers.

1843	Nombre d'hommes.	COMMENCÉ		CESSÉ		TRAVAIL		TOTAL.	
		heures.	minutes.	heures.	minutes.	heures.	minutes.	heures.	minutes.
Novembre 14	10	10	00	5	00	6	00	60	00
»　　　»	12	2	00	4	00	2	00	24	00
»　　15	10	2	00	5	00	3	00	30	00
»　　　»	10	1	00	5	00	4	00	40	00
»　　17	10	2	00	4	00	2	00	20	00
»　　22	6	2	00	5	00	3	00	18	00
»　　23	2	7	00	5	00	9	00	18	00
Décembre 5	2	7	00	5	00	9	00	18	00
								228	00 heures.

Matières d'agrégation.

1843	FOURNI			EMPLOYÉ		PRIX		MONTANT	
	mètres cubes.	cent. cubes.		mètres cubes.	cent. cubes	fr.	c.	fr.	c.
Nov. 15	50	00	Marne.	43	00	3	87	166	41
»　　»	6	75	Sable de rivière.	6	75	4	37	29	50
»　　»	25	12	Sable de plaine.	25	12	4	37	109	77
»　　18	2	66	Sable de plaine.	2	66	4	37	11	62
»　　»	2	06	Sable de rivière.	2	06	4	37	9	00
»　　»	41	75	Gravier.	33	75	5	50	185	62
»　　30	5	00	Sable de grès du dépôt.	5	00	1	50	7	50
»　　»	8	00	Sable de rivière.	8	00	4	37	34	96
Déc. 9	2	80	Sable de rivière.	2	80	4	37	12	24
»　　»	3	45	Résidu de marne et de sable rapproché, par M. Larochette, de l'avenue Gabriel à celle Cours-la-Reine.	»	»	»	»	»	»
Déc. »	25	95	Détritus rapproché de la contre-allée du quai de la Conférence, par les ouvriers de M. Larochette et les cantonniers.	25	95	1	50	38	92
Déc. 12	8	»	Sable de rivière.	8	00	4	37	34	96
	181	54	Total et prix moyen.	163	09	3	93	640	50
			Relevé par ébouement de l'avenue.	24	00	3	93	94	32
			Total des matières d'agrégation.	139	09	à 3	93	546	18

298 tours de rouleau à raison de 7 tours pour couvrir l'empierrement d'une largeur de 8 mètres, font 42 ½ passages sur toute la surface de la chaussée.

Frais de 67 heures de marche de rouleau, d'un attelage de six chevaux, avec ses charretiers, à 4 fr. 50 par heure. 301 50

Journées de 2 hommes, guidant le rouleau pendant 67 heures à 44 c. par heure. 29 50

Ensemble. 331 00

228 heures de main-d'œuvre pour répandre les détritus, marnes, gravier et sable, et pour faire quelques travaux, à 22 c. l'heure.   50 15

Ensemble. 381 15

19 novembre 1843. Frais de transport d'eau, par 4 tonneaux d'arrosage à un cheval, pendant 5 heures et de 3 heures de travail effectif seulement 60 40

Prix de 47 mètres cubes d'eau à 0 90 le mèt. cube.   42 50   102 70

Total des frais, sur une surface de 3552 mèt. carrés. . . . 483 85

ETAT COMPARATIF des frais aux prix de Bouxwiller et de ceux de Paris.

	BOUXWILLER		PARIS		Dép. par m. carré	
	prix.	montant.	prix.	montant.	Bouxwiller.	Paris.
Frais de 67 heures de marche de rouleau d'un attelage de 6 chevaux, avec ses charretiers, par heure.	3 00	201 00	4 50	301 50		
67 heures de travail de 2 hommes guidant le rouleau, par heure. . .	0 24	16 08	0 44	29 50		
		217 08		331 00	0 061	0 093
228 heures de main-d'œuvre, pour répandre la matière d'agrégation et faire quelques travaux, par heure. . . .	0 12	27 36	0 22	50 15	0 008	0 014
		244 44		381 15	0 069	0 107
Frais de transport d'eau, pour 4 tonneaux d'arrosage à un cheval, pendant 5 heures, et de 3 heures de travail effectif seulement. 60 fr. 40 c. Prix de 47 m. cubes d'eau, à 0 90 c. 42 f. 30 c.		36 00		102 70	0 010	0 028
Total des frais sur 3552 mètres carrés. . .		280 44		483 85	0 079	0 133

CHAUSSÉES.	Surface. — Mètre carré.	Pierre. — Mètre cube.	Matière d'agrégation. — Mètre cube.	Cylindrage. — Heures.	Main-d'œuvr — Heures.	NOMBRE du passage du Rouleau sur-toute la surface.	DÉPENSES.			
							Bouxwiller	Paris.	Bouxwiller par mètre carré.	Paris. par mètre carré.
nue Cours-la-Reine.	560	28 00	10 00	14	48	26 1/4	47 76	73 56	0 85	0 131
nue Gabriel.	2376	466 00	117 00	66	332	44	237 84	370 04	0 100	0 155
nue Cours-la-Reine.	3552	577 90	139 09	67	362	42 1/2	280 44	483 85	0 079	0 155
Totaux.	6488	1071 90	266 09	147	742		566 04	937 45		

PIÈCES JUSTIFICATIVES.

—◆—

Paris , le 5 juillet 1843.

A M. Schattenmann, directeur des Mines de Bouxwiller.

Monsieur ,

J'ai l'honneur de vous informer que le 25 avril dernier, j'ai communiqué à M. l'ingénieur en chef, directeur du pavé de Paris, la lettre que vous m'avez fait l'honneur de m'adresser sur l'emploi du rouleau compresseur.

En même temps j'ai autorisé ce chef de service à en acheter un, conformément aux indications de votre lettre, et à en faire l'essai sur les chaussées en empierrement voisines de l'Observatoire de Paris, en présence de M. Arago, qui désire en suivre les effets. Je verrai pareillement avec plaisir, Monsieur, que vous puissiez à votre gré suivre cet essai.

Agréez, etc.

Le pair de France, préfet, Comte DE RAMBUTEAU.

Paris, le 20 octobre 1843.

A Monsieur l'Eveillé, ingénieur de la première division du pavé de Paris.

MONSIEUR L'INGÉNIEUR,

Lorsque j'ai eu l'honneur de vous voir à mon arrivée ici, vous voulûtes bien me dire que vous n'aviez pas fait empierrer l'avenue Gabriel, pour que j'en visse les travaux. Ce procédé m'impose le devoir de vous faire connaître que j'ai vu hier dans le terrassement de cette chaussée des parties molles de six à huit centimètres de profondeur, qui doivent être enlevées avec soin, pour éviter qu'elles ne remontent dans l'empierrement, lors du cylindrage, et ne rendent la chaussée impropre à résister à l'action des roues. Le cylindrage du terrassement qui a eu lieu hier n'a pas atteint toutes les parties boueuses, parce que des parties fermes, qui se trouvent à côté, ont empêché qu'elles fussent pressées et mises en évidence.

A cette occasion, je dois aussi vous répéter ce que j'ai eu l'honneur de vous dire de vive voix, monsieur l'ingénieur, qu'un empierrement de dix centimètres d'épaisseur, que le cylindrage réduira à sept ou à huit centimètres, est absolument insuffisant pour résister à une circulation active, et qu'il devrait avoir d'autant plus l'épaisseur usitée de vingt centimètres, qu'il est assis sur un terrassement nouveau, fait dans la saison pluvieuse. Je décline non-seulement toute responsabilité morale, pour un pareil travail, mais j'appelle même d'avance votre attention, monsieur l'ingénieur, sur le danger de le voir manquer, ainsi que sur les pertes et sur le mauvais effet qui en résulteraient, car le cylindrage par mes rouleaux, qui agissent à une profondeur de trente centimètres, enfoncerait, sans aucun doute, dans le terrassement, la faible couche de dix centimètres d'épaisseur.

J'ai l'honneur, etc.

SCHATTENMANN.

Paris, le 12 novembre 1843.

A Monsieur l'Éveillé, ingénieur de la première division du pavé de Paris.

MONSIEUR L'INGÉNIEUR,

J'ai reconnu, en cylindrant, le 8 de ce mois, pendant la pluie, l'avenue Gabriel, pour en affermir l'empierrement et pour en extraire la marne que j'y avais fait mettre en quantité un peu trop forte, qu'après avoir donné au rouleau deux tiers de sa charge, cet empierrement cédait dans quelques parties, et qu'il n'était pas en état de supporter la pression de mon rouleau chargé à 6,000 kilog., en raison du peu de consistance du sol. J'ai dû décharger immédiatement une portion de son lest, afin de ne pas causer de dégradation à l'empierrement. Il ne serait pas prudent, jusqu'à ce qu'il soit convenablement desséché, d'y laisser passer des voitures lourdes, car une chaussée qui ne supporte pas le poids d'un rouleau de 6,000 kilog., faisant 46 kilog. par zône d'un centimètre, ne pourrait pas résister à l'action de roues de voitures portant des charges de 150 à 200 kilog. par zône d'un centimètre des roues. Du reste, il n'est pas douteux que l'empierrement de l'avenue Gabriel ne résiste fort bien à la circulation des voitures suspendues, et qu'il ne soit parfaitement solidé lorsqu'il sera convenablement desséché. Il sera cependant nécessaire d'ébouer cette chaussée toutes les fois qu'elle deviendra boueuse.

Les chaussées cylindrées, faites dans l'arrière-saison, mastiquées avec des matières grasses, qui ne peuvent pas toujours être suffisamment enlevées de la superficie avant les gelées, présentent souvent l'inconvénient qu'au dégel les voitures et même les piétons arrachent des pierres de la surface, ce qui ne dure ordinairement qu'un seul jour. Le cas échéant, il convient d'y obvier en fermant cette chaussée ou en l'arrosant ; mais lorsqu'elle sera suffisamment ébouée et desséchée ; cet inconvénient ne se présentera plus.

La partie empierrée du chemin de l'avenue Cours-la-Reine est d'une longueur de 460 mètres et d'une largeur de 8 mètres, faisant 3,680 mètres carrés. Il convient de préparer les matières d'agglomération suivantes pour mastiquer cette chaussée, savoir :

50 mètres cubes de marne.

50   de détritus.

50   de sable.
___

150 mètres cubes,

faisant ensemble 4 mètres cubes par 100 mètres carrés de surface.

Chacune de ces matières doit être déposée sur les accotements des deux côtés, de 5 mètres en 5 mètres de distance, ce qui fait 92 tas de chaque côté, ou 184 tas des deux côtés, d'un quart de mètre cube chacun.

Pour répandre promptement les matières d'agglomération et ne pas entraver le cylindrage, il sera nécessaire de placer un homme de 15 mètres en 15 mètres de distance, des deux côtés de la chaussée, ce qui ferait 31 hommes pour chaque côté, ou ensemble 62 hommes. Ces ouvriers ne seront occupés que pendant un petit nombre d'heures, et ils pourront, dans l'intervalle, continuer l'empierrement de l'avenue Cours-la-Reine, ou être utilisés pour d'autres travaux.

J'ai remarqué, monsieur l'ingénieur, que la direction des travaux spéciaux relatifs aux empierrements à cylindre, laisse à désirer sous le rapport de l'ensemble ; car M. le conducteur, étant occupé à diriger et à surveiller un assez grand nombre d'autres travaux, ne peut pas toujours être sur les lieux. Je désirerais ainsi que vous voulussiez bien désigner un piqueur pour la direction et la surveillance spéciales de l'atelier des travaux d'empierrement à cylindrer. Je pense que M. Julien, piqueur, s'acquitterait d'une manière satisfaisante de cette mission, et je lui ferais connaître tout ce qui est nécessaire pour la bonne exécution des travaux, et pour éviter toute dépense inutile. Les attelages des rouleaux laissent aussi à désirer ; car si votre entrepreneur voulait donner des attelages de six de ses chevaux, cela suffirait pour faire marcher convenablement les rouleaux, tandis qu'il faut souvent prendre huit chevaux, parce qu'ils sont fatigués et d'une force inférieure.

Agréez, etc.

SCHATTENMANN.

Paris, le 21 novembre 1843.

A Monsieur l'Éveillé, ingénieur de la première division du pavé de Paris.

MONSIEUR L'INGÉNIEUR,

Les pluies ont tellement détrempé le terrain, que je ne puis comprimer, à pleine charge de rouleau, l'empierrement de l'avenue Gabriel ; je l'aurais endommagée sur les côtés où il n'a aucun appui. Je viens en conséquence vous réitérer la prière que j'ai eu l'honneur de vous faire de de vive voix, de faire placer le plus tôt possible les caniveaux, afin que je puisse terminer le cylindrage de cette chaussée, et que les eaux pluviales puissent s'écouler.

Agréez, etc.

SCHATTENMANN.

Paris, le 7 décembre 1843.

A Monsieur l'Éveillé, ingénieur de la première division du pavé de Paris.

MONSIEUR L'INGÉNIEUR,

J'ai eu l'honneur de vous écrire le 21 du mois passé, pour vous prier de faire placer les caniveaux à l'avenue Gabriel, afin que je puisse terminer le cylindrage de cette chaussée, en y faisant passer le rouleau à pleine charge. Vous avez donné l'ordre de faire ce pavage, et vous m'avez dit qu'il serait terminé dans la huitaine ; mais il a tellement traîné en longueur, qu'avant-hier encore on était occupé à relever le pavé près du corps-de-garde de la place de la Concorde. J'ai vu avec étonnement qu'immédiatement après on s'est occupé du pavage des trottoirs longeant l'avenue Gabriel, quoique vous m'ayez dit que ce travail ne serait fait que plus tard, et que vous n'aviez encore aucuns fonds pour le faire exécuter. Les paveurs ont ainsi continué à encombrer l'avenue Gabriel avec du sable et des pierres à paver, et j'ai appris que leur travail durerait encore quinze jours, de sorte que nous arriverions à la fin de ce mois sans que l'avenue Gabriel pût être terminée. Cette opération ne dure cependant que depuis trop longtemps, et le mauvais temps n'a déjà que trop contrarié mes expériences, pour ne pas profiter des premiers beaux jours pour les terminer. Je viens en conséquence vous déclarer, monsieur l'ingénieur, ainsi que j'ai eu l'honneur de vous le dire de vive voix, que les retards qu'ont éprouvés mes opérations par suite de la lenteur avec laquelle il a été procédé successivement, que la saison est tellement avancée qu'elle est fort préjudiciable à mes opérations, qu'elle peut même les compromettre jusqu'à un certain point, et qu'il est urgent de profiter de quelques beaux jours que nous pourrons avoir pour les terminer.

L'avenue Gabriel a si bien résisté à la circulation et même au gros roulage qui s'y est fait sans aucune précaution, pour le transport des matériaux de pavage, qu'il serait réellement dommage de ne pas en achever le cylindrage.

Du reste, il est fort inutile aussi que je perde mon temps par un plus long séjour à Paris, lorsqu'il ne pourra plus être utile en aucune manière, la suite de mes opérations ne pouvant être reprise qu'au printemps prochain.

Veuillez m'envoyer le plus tôt possible la note que je vous ai demandée des matériaux et des journées employées aux différentes expériences que j'ai faites. J'ai l'honneur, etc.

SCHATTENMANN.

Paris, le 9 décembre 1843.

A Monsieur l'Éveillé, ingénieur de la première division du pavé de Paris.

MONSIEUR L'INGÉNIEUR,

Ce matin j'ai eu l'honneur de me présenter de nouveau chez vous pour réclamer la note des fournitures et des journées employées aux expériences que j'ai faites, afin de pouvoir terminer mon travail y relatif. Vous m'avez dit que vous ne pourriez me la donner que demain, quoique je ous l'aie demandée depuis le 30 du mois passé. Je l'attends ainsi, et, faute de la recevoir, je terminerai mon travail d'après les données que je possède.

J'ai appris à cette occasion, non sans étonnement, que vous regardiez les cylindrages que j'ai faits comme manqués, et que vous en aviez déjà fait votre rapport à M. le préfet de la Seine. Je n'ai cependant cessé de vous dire que je vous communiquerais mes observations écrites sur ces expériences dès que vous m'auriez donné la note des matériaux et des journées employées. Il me semble que ces travaux ne devaient pas être jugés unilatéralement, même avant qu'ils fussent terminés, et que c'est par une reconnaissance contradictoire et par le concours de M. Arago que leur résultat devait être constaté. Je n'attendais, pour provoquer cette reconnaissance, que l'achèvement complet de l'avenue Gabriel, lequel traîne tant en longueur parce que les caniveaux ont été placés avec une extrême lenteur, et que vous avez ensuite fait encombrer la chaussée de matériaux, en commençant le pavage des trottoirs, après m'avoir dit que vous n'aviez aucuns fonds pour les faire, et que c'était un travail qui ne serait fait que plus tard.

Je soutiens, et je suis prêt à le prouver, que mes expériences ont parfaitement réussi, malgré la saison avancée, malgré les pluies extraordinaires survenues, et malgré la fourniture de matières d'agrégation de mauvaise qualité.

En rapprochant toutes les circonstances qui se rattachent à mes expériences, je suis à regret forcé de reconnaître que le système de temporisation qui a été constamment suivi a eu pour effet de porter ces expériences dans la saison pluvieuse, et d'augmenter ainsi les difficultés d'exécution.

Il fut d'abord convenu que mes opérations commenceraient le 10 octobre; mais vous m'écrivites ensuite de retarder mon arrivée, parce que la pose des bordures de l'avenue Gabriel avait éprouvé des retards; et lorsque je me suis présenté le 15 octobre, le terrassement de cette avenue n'était point terminé, et son empierrement fut retardé de huit jours. Vous ne voulûtes ensuite procéder aux expériences que successivement, et l'empierrement de l'avenue Cours-la-Reine se fit également avec lenteur, et les matières d'agrégation n'arrivèrent qu'en quantité insuffisante et dans un état peu propre à leur emploi.

Les expériences auraient fort bien pu commencer le 10 octobre, car il n'y avait nulle nécessité de faire en premier lieu celle de l'avenue Gabriel, et elles auraient pu être terminées dans la quinzaine, si on les eût poursuivies avec activité; et alors, par un temps favorable, elles se seraient consommées sans aucun obstacle, comme cela a eu lieu pour la première expérience faite à l'avenue Cours-la-Reine.

Lorsque j'eus l'honneur de vous faire observer que l'épaisseur de 10 c. que vous vouliez donner à l'empierrement de l'avenue Gabriel était insuffisante et incapable de résister à la compression de mes rouleaux qui agissent à une profondeur de 30 centimètres, vous me répondîtes naïvement que la non-réussite de ce cylindrage n'était d'aucune importance, et que mes expériences avaient principalement pour but de vous faire connaître l'action et l'effet de mes rouleaux, afin de pouvoir en adopter un de la forme la plus convenable.

En terminant, je ne puis que déplorer les lenteurs qu'ont éprouvées mes expériences, et les difficultés qui en sont résultées dans la saison fort avancée où elles ont été entreprises.

J'ai l'honneur, etc.,

SCHATTENMANN.

Paris, 10 décembre 1843.

A Monsieur Schattenmann, à Paris.

J'ai l'honneur de vous annoncer que, sur votre demande, l'avenue Gabriel vous sera livrée demain lundi, 11 du courant, débarrassée de toute entrave pour la marche des rouleaux. Vous savez que pour ces opérations j'ai affecté à votre service le piqueur Julien et dix cantonniers, et que mes ordres aux agents de l'entrepreneur sont de vous obéir comme à moi-même. J'aime donc à penser que rien ne vous arrêtera, et que sous peu le public pourra enfin jouir de cette avenue. Il serait bien à désirer également que vous pussiez terminer le cylindrage commencé sur l'avenue Cours-la-Reine.

Vous m'avez demandé communication des matériaux employés et des mains-d'œuvre pour l'avenue Gabriel et pour l'avenue Cours-la-Reine.

Avenue Gabriel.

Matériaux fournis :
Meulière, cassée 183 m. 12; cailloux de carrière, 410 m, 33; marne, 156 m. 00; sables, 84 m. 90; gravier, 24 m. 77; détritus de route, 1 m. 65; détritus de meulière, 4 m. 50; chaux hydraulique vive, 0 m. 20.

Main-d'œuvre :
Terrassiers pour répandage, 258 fr. 70 c.; cantonniers ?

chevaux pour rouleaux, 76 fr. 75 c. ; charretiers, 25 fr. 25 c.

Dimensions de la partie cylindrée :

Longueur totale, 472 m. 40 ; largeur générale, 7 m. ; superficie, 3,306 m. 80.

Quant aux prix à appliquer, M. l'entrepreneur est en réclamation contre mon règlement qu'il ne trouve pas suffisant. Je ne puis donc que vous indiquer les prix probables.

La journée d'un rouleau (et il y en a 8. 32), coûterait 42 f. 53 c. ; donc le cylindrage de 3,306 m. 80, aurait déjà coûté 353 fr. 85 c., soit par mètre carré, 0 fr. 106.

J'ai réglé la marne à 3 fr. 87 c., et le gravier, à 5 fr. 50 c. ; le prix du sable, est de 4 fr. 37 c.

Je dois ajouter que l'entrepreneur prétend avoir fourni beaucoup plus de marne que je n'en ai porté, d'après les attachements tenus.

La dépense pour le répandage s'élèverait à 747 fr. 64 c., sans avoir tenu compte du temps passé par les cantonniers, et vous savez mieux que personne qu'ils ont beaucoup travaillé sur ce point : l'on aurait donc pour *minimum* de dépense par mètre carré, 0 fr. 21 c., en sorte que l'opération, main-d'œuvre de cylindrage, serait déjà revenue à 0 fr. 32 c. par mètre carré, au lieu de 0 fr. 01 c. annoncé par votre Mémoire.

Cours-la-Reine.

Dans cette expérience, dont le fond était entièrement solide, il a été employé jusqu'au 30 novembre :

Meulière cassée, 152 m. 00 ; cailloux, 425 m. 90 ; marne, 43 m. 00 ; sables, 45 m. 54 ; détritus de route, au moins 23 m. cub., 00 ; détritus de l'avenue Gabriel, 3 m. 45 ; en sorte que le cube total des matériaux du remplissage serait de 126 m. 99.

Quant à la main-d'œuvre, l'on a pour répandage des matériaux, 99 j. 40 de terrassiers, fournis par l'entrepreneur, au moins 48 j. 00 de cantonniers.

Le cylindrage a employé 34 j. 80 de chevaux, et 12 j. 85 de

charretiers. (J'aurai pour le règlement définitif le nombre réel de journées de cantonniers employées.)

D'après les bases précédentes, on concluerait que le cylindrage a coûté pour rouleaux, 233 fr. 92 c., et pour répandage, 138 fr. 56 c.

Comme d'ailleurs la partie cylindrée a 444 m. 00 de longueur, 8 m. 00 c. de largeur, ce qui donne une surface de 3,552 mètres carrés,

On en conclut que l'épaisseur de la couche est de 0 m. 162; que les détritus ou matières de remplissage s'élèvent à 0,0356 par mètre carré;

Que le répandage a coûté au moins. . : .	0,0390
Le cylindrage.	0,0650
L'arrosement a coûté (sans compter l'eau) .	0,0017
L'eau eût coûté (47 m. à 90 c.)	0,0021
Ce qui met le prix du mètre carré, à . . .	0,1069 .
Les matières d'agglomération peuvent être estimées à	0,142

Ainsi, jusqu'au 30 novembre, la dépense par mètre carré serait de 0 fr. 25 c. à ajouter à une dépense en matériaux de 1 fr. 30 c. pour le mélange tel qu'il a été fait, et de 2 fr. 46 c., si l'on n'eût employé que de la meulière, ce qui probablement sera désormais le cas ordinaire.

Tels sont, Monsieur, les renseignements encore incomplets que je puis vous donner; lorsque vous croirez votre intervention inutile, et que vous aurez eu la complaisance de me le faire connaître, j'arrêterai définitivement ces divers comptes, et m'empresserai d'adresser à M. le directeur mon rapport sur la marche des travaux et les divers résultats que j'ai observés.

Veuillez croire, Monsieur, etc.,

L'EVEILLÉ,

Ingénieur des ponts et chaussées.

Paris, le 19 décembre 1845.

A monsieur l'Eveillé, ingénieur de la première division du , pavé de Paris.

Monsieur l'ingénieur,

La lettre que j'ai eu l'honneur de vous écrire le 9 de ce mois s'est croisée avec celle que vous avez bien voulu m'adresser le lendemain.

Vous m'avez fait l'honneur de me prévenir que l'avenue Gabriel me sera livrée le 11 courant, débarrassée de toutes entraves, que vous avez affecté au service de mes expériences M. Julien, piqueur, et dix cantonniers, et donné ordre aux entrepreneurs de m'obéir comme à vous-même, qu'ainsi vous aimez à penser que rien ne m'arrêtera plus, et que le public pourra enfin jouir de l'avenue Gabriel.

Ce langage a lieu de m'étonner, car cette avenue a été ouverte à la circulation le 9 novembre dernier, et les voitures suspendues, aussi bien que des tombereaux lourdement chargés, transportant des matériaux de pavage et autres, y ont circulé aussi facilement que sur une ancienne chaussée, et sans la dégrader. Si le cylindrage de cette avenue à charge entière de rouleau n'a pas encore eu lieu, cela ne tient qu'au retard que vous avez apporté, malgré mes sollicitations verbales, réitérées par mes lettres des 21 novembre et 7 décembre courant, de faire placer les caniveaux, pour donner à cette chaussée la solidité nécessaire. La construction des caniveaux, qui devait être faite dans une semaine, a duré plus de quinze jours, et après qu'elle fut terminée, les paveurs se mirent à faire les trottoirs et continuèrent à encombrer l'avenue de pierres de pavage et de sable. Ce travail aurait duré fort longtemps, si je n'eusse réclamé contre la lenteur avec laquelle il s'effectuait. Il n'a ainsi tenu qu'à vous, monsieur l'ingénieur, de mettre ladite avenue en état de recevoir l'empierrement de raccordement et un dernier cylindrage.

Du reste, je dois dire que je n'ai eu qu'à me louer du zèle et de l'intelligence de M. Julien, piqueur, et que les dix cantonniers que vous avez affectés à mes expériences ont été à ma disposition toutes les fois que j'avais des travaux à effectuer; mais je n'ai eu à m'en servir que pour répandre les matières d'agrégation, lorsque je cylindrais des empierrements. Je n'ai pas eu à les employer pour les travaux préparatoires qui ne me regardent nullement, si ce n'est pour faire rectifier l'empierrement de raccordement de l'avenue Gabriel, que vous m'avez livrée dans un état si défectueux que j'ai dû y employer trente-trois mètres cubes de matériaux pour le compléter. Les pierres meulières qu'on y avait employées étaient trop grosses, et j'ai dû en prendre d'un cassage plus fin. Ce travail n'a pu être achevé que le 12 du mois à deux heures.

Si j'avais consenti à cylindrer cet empierrement sans l'avoir rectifié en y portant une grande quantité de matériaux, il eût été très-défectueux.

Les dépressions résultant du défaut de solidité du sol eussent subsisté, et des réparations partielles eussent été bientôt nécessaires. J'avais ainsi intérêt à faire donner à cette chaussée la forme convenable et le bombement déterminé par son axe, pour justifier ce que j'ai avancé, que les chaussées cylindrées n'exigent pas d'entretien partiel pendant longtemps.

Le 11 de ce mois, à sept heures du matin, l'attelage de six chevaux qui avait été commandé est arrivé, et j'ai dû l'employer pendant cette journée (à l'exception de deux heures un quart pendant lesquelles j'ai fait dix-huit tours de rouleau à vide sur l'avenue Cours-la-Reine) à cylindrer la petite partie très-large de l'avenue Gabriel, à l'entrée de la place de la Concorde, laquelle a due être entièrement rechargée en raison du relèvement du pavé.

Le 12 de ce mois, le rouleau a été attelé à neuf heures et demie du matin, et a marché sur l'avenue Gabriel. Le dégel avait rendu cette chaussée et les matières d'agrégation si humides, que je n'ai pu les comprimer qu'avec le rouleau à vide.

« Le 18 de ce mois, j'ai été obligé de cesser le cylindrage après un premier tour, parce que la terre trop humide s'attachait au rouleau et arrachait l'empierrement.

« Votre conducteur a alors couvert de matières sèches l'empierrement de l'avenue Gabriel, depuis l'angle du tournant jusqu'à la rue de Marigny, et y a fait marcher le rouleau pendant cette journée.

« Si le raccordement de l'empierrement avec les caniveaux de l'avenue Gabriel eût été fait convenablement, pour me mettre à même de le comprimer immédiatement, j'en aurais facilement achevé le cylindrage avant la gelée. Cette chaussée n'en est pas moins solide et parfaitement viable aujourd'hui, quoique le rouleau n'y ait passé qu'à demi-charge.

« Vous ne m'avez pas indiqué les matériaux et les journées employés à l'empierrement des 140 mètres de longueur de 4 mètres de largeur et 0 m. 05 d'épaisseur, à l'avenue Cours-la-Reine, depuis le corps-de-garde du rond-point d'Antin jusqu'à la rue Bayard, quoique cette expérience soit précisément celle qui a été faite dans toutes les conditions normales.

« J'y ai suppléé par mes notes.

« J'ai l'honneur de vous remettre ci-joints les états des dépenses des trois expériences de cylindrage que j'ai faites; savoir :

CHAUSSÉES.	Surface. Mètre carré.	Pierre. Mètre cube.	Matériaux d'agrégation. Mètre cube.	Cylindrage. Heures.	Main-d'œuvre. Heures.	Journée du passage du rouleau sur toute la surface.	DÉPENSES.			Paris. — par mètre carré.
							Bouxwiller	Paris.	Bouxwiller — par mètre carré.	
rue Cours-la-Reine.	560	28 00	10 00	14	48	26 1/4	47 76	73 56	0 85	0 131
rue Gabriel	2376	466 00	147 00	66	332	44	237 84	370 04	0 100	0 155
rue Cours-la-Reine	3552	577 90	159 09	67	362	49 1/2	280 44	483 85	0 079	0 155
Totaux	6488	1071 90	266 09	147	742		566 04	937 45		

Vous remarquerez, monsieur l'ingénieur, que je n'ai porté dans cet état ni le prix des pierres, ni les frais de main-d'œuvre pour les répandre, ni le prix des matières d'agrégation rendues aux bords de la chaussée, parce que mes expériences se bornent à cylindrer les empierrements et à y répandre les matières d'agrégation pour les mastiquer. Les travaux préparatoires ne me regardent nullement, et j'ai seulement à les apprécier en ce qui concerne le cylindrage. Je n'ai pas manqué de vous faire connaître que le terrassement de l'avenue Gabriel renfermait beaucoup de parties molles, que l'épaisseur que vous vouliez donner à l'empierrement était insuffisante, et que mon rouleau, qui agit à une profondeur de 0 m. 30, ne manquerait pas de l'enfoncer dans le sol, qu'ainsi il y avait économie et avantage à faire placer les caniveaux avant le cylindrage; que l'empierrement de raccordement avec ces caniveaux placés tardivement a été très-mal fait, et que celui de l'avenue Cours-la-Reine, depuis la rue Bayard jusqu'au corps-de-garde de Chaillot, n'a pas reçu une exécution plus satisfaisante.

Le rouleau conserve à l'empierrement ses formes primitives; mais si ce dernier a été mal façonné, la chaussée garde nécessairement ses défectuosités, qui donnent lieu bientôt à des réparations partielles, qu'on peut facilement éviter en répandant les pierres avec soin.

PREMIÈRE EXPÉRIENCE.

Empierrement de réparation de l'avenue Cours-la-Reine, depuis le corps-de-garde, près du rond-point d'Antin, jusqu'à la rue Bayard, de 560 mètres carrés de surface.

Cette expérience a été faite dans la journée du 20 octobre, et l'empierrement cylindré a été immédiatement livré à la circulation. Contrairement à mon opinion, vous avez fait repiquer l'ancienne chaussée, à l'exception de 60 mètres. Le

cylindrage a eu lieu avec deux rouleaux et a été continué
plus longtemps qu'il n'était nécessaire; mais avec les rouleaux à vide et à demi-charge seulement, afin de ne pas enfoncer un empierrement de 0 m. 05 d'épaisseur, mis sur
une chaussée repiquée. La marne préparée comme matière
d'agrégation étant trop mouillée, n'a pu servir; et on a
mastiqué cet empierrement avec du détritus de chaussée,
séché et en poudre, qui se trouvait à côté de l'avenue. On n'y
a mis ni sable ni gruvier. Cette chaussée, d'abord pénétrée
par la pluie et séchée ensuite par quelques jours de beau
temps, est d'une solidité parfaite et n'a subi aucune dégradation depuis deux mois par une circulation active. Celle
du chantier de bois de M. Ouvré, à côté du corps-de-garde,
n'a fait aucune dégradation; tandis que l'ancienne chaussée de l'avenue Cours-la-Reine a des ornières profondes,
faites par les voitures conduisant des matériaux au grand
carré des Champs-Élysées pour l'établissement des bâtiments destinés à l'exposition des produits de l'industrie
nationale.

La partie qui n'a pas été repiquée n'est pas moins belle
que celle qui a subi ce travail dispendieux.

<h3 style="text-align:center">DEUXIÈME EXPÉRIENCE.</h3>

Empierrement neuf de l'avenue Gabriel, depuis la place de la Concorde jusqu'au tournant, de 2,376 mètres carrés.

Le retard apporté à l'empierrement de l'avenue Gabriel
a été cause que le cylindrage de cette chaussée n'a pu être
commencé que le 23 octobre; il eût été terminé le lendemain si la marne demandée comme matière d'agrégation
m'eût été livrée sur les accotements en quantité suffisante
et en qualité convenable, mais elle n'arrivait que lentement,
et au lieu d'être sèche et en poudre, elle était mouillée et
en morceaux. Les rouleaux ne durent pas moins continuer
le cylindrage, pour introduire dans l'empierrement la marne
qu'on y jetait au fur et à mesure de son arrivée. Faute de

marne, il a cependant fallu suspendre le cylindrage le 25 octobre, et n'employer qu'un seul rouleau à partir de dix heures du matin. Ce jour-là, à deux heures, la pluie est malheureusement survenue, et le rouleau n'a dès lors pu marcher que sur l'empierrement non encore couvert, près du corps-de-garde de la place de la Concorde. En reprenant le cylindrage, le 6 novembre, après de fortes pluies, j'ai été obligé d'employer beaucoup de gravier et de sable pour empêcher l'adhérence de la marne au rouleau. Ce n'est pas sans peine que je suis parvenu à consolider cet empierrement, livré à la circulation le 9 novembre, sans que celle-ci ait pu le dégrader. Le placement des caniveaux devenait indispensable pour empêcher que l'empierrement, qui était sans appui sur les côtés, ne cédât. Je l'avais déjà demandé lors de l'empierrement, pour éviter des embarras et des frais inutiles, et je n'ai ensuite cessé de vous engager à faire faire ce travail, qui a néanmoins traîné en longueur. Après l'achèvement des caniveaux, il a fallu employer 26 mètres cubes de cailloux et de pierres meulières, pour faire le raccordement et recouvrir les trois quarts de la surface de cette chaussée, afin d'en rajuster le bombement avec l'axe.

Si ce travail eût été fait lors du premier empierrement, on eût évité beaucoup de dépense en matériaux et main-d'œuvre, et le premier cylindrage eût donné une chaussée d'autant plus belle, qu'elle eût été faite d'un seul jet.

Il faut, pour mastiquer un empierrement, 15 pour 100 de matières d'agrégation du cube des matériaux employés, et de plus couvrir la surface d'une couche de gravier ou de sable, d'un centimètre d'épaisseur. Comme on a employé plus de marne, parce qu'elle était en morceaux, j'ai évalué ces matières à 20 pour 100 du cube des matériaux pour l'avenue Gabriel, savoir :

400 m. cubes de pierres, à 20 pour 100, exigent 93 m. c. de marne.

2,378 m. car. de surface couverte, à 0 m. 01, exigent 24 m. c. de gravier et de sable.

Total . . . . . 117 m. c.

Voilà au maximum la quantité des matières d'agrégation qu'on a employées à la partie de l'avenue Gabriel que j'ai cylindrée.

Vous avez fait des expériences sur l'autre partie de cette avenue, où vous avez mastiqué 560 mètres d'empierrement avec du sable de rivière et du résidu de pierres meulières, et procédé au cylindrage pendant deux jours avec un rouleau de 1 mètre de largeur et de 2 m. 30 de diamètre, du poids d'au moins 5,000 kilogrammes. Cette expérience n'a pas réussi; l'empierrement s'est mis en désordre, comme je l'avais dit d'avance, et vous avez dû ensuite le mastiquer avec de la marne. Je n'entends nullement me charger de la responsabilité de ces travaux-là, et je ne prends que celle des opérations que j'ai faites.

Votre rouleau n'a introduit les matières d'agrégation qu'à une profondeur de 6 à 7 centimètres, tandis que les miens ont mastiqué la couche dans toute son épaisseur. En reprenant le cylindrage, j'ai fait marcher mes rouleaux sur toute la longueur de l'avenue Gabriel, parce que vous l'avez désiré, mais je n'ai point par là contracté l'obligation d'accepter vos expériences, et je ne dois répondre que des miennes.

C'est avec le plus grand étonnement que j'ai vu que vous portez à 747 francs 64 centimes la main-d'œuvre pour le répandage des marnes, sables et graviers, sans mettre en ligne de compte le travail des cantonniers, ce qui en élève la dépense à 31 centimes par mètre carré, au lieu de 1 centime annoncé par mon mémoire, en y ajoutant les frais de cylindrage jusqu'au 30 novembre dernier seulement.

Un fait de cette nature aurait mérité une grande attention ; mais vous paraissez y en avoir porté fort peu. Vous avez commis des erreurs forts graves, ou agi avec prévention, en m'imputant des dépenses que je n'ai pas faites, et qui ne me regardent nullement.

Je dois vous répéter que mes expériences se bornent au cylindrage des empierrements, et à y répandre les matières d'agrégation, qui doivent m'être fournies, sur les accotements de la chaussée, ainsi que je vous l'ai demandé par ma lettre du 12 du mois dernier, pour l'avenue du Cours-la-Reine.

J'ai été frappé du désordre qui a eu lieu pour la fourniture et l'apport des matières d'agrégation sur les accotements de l'avenue Gabriel, et le cylindrage a eu à en souffrir beaucoup. Si ces matières eussent été amenées en temps opportun et en quantité suffisante, quoique beaucoup moindre que celle que vous dites avoir été livrée, le cylindrage de l'avenue Gabriel eût été terminé le 24 octobre, et n'eût pas pu être interrompu par la pluie qui est survenue le lendemain. Du reste, il y a lieu de s'étonner que vous ayez pu admettre un instant que 272 mètres cubes de matières d'agrégation aient pu coûter 747 fr. 64 cent., c'est-à-dire 2 fr. 75 cent. par mètre cube, pour être répandues sur l'empierrement.

Il est reconnu qu'un ouvrier peut en répandre 10 mètres cubes par jour, ce qui ferait pour la quantité susdite 27 2/10ᵉ de journées à 2 fr. 44 cent., soit la faible somme de 66 fr. 36 cent.; mais en portant même cette dépense à 100 fr., votre chiffre reste toujours six fois plus fort qu'il ne devrait l'être dans un service régulièrement organisé.

J'ignore comment vous avez pu imputer à mes expériences une dépense si évidemment exagérée ; mais elle ne saurait, dans aucun cas, être mise à la charge de mes opérations.

Si les frais de cylindrage de l'avenue Gabriel sont plus élevés qu'ils ne devraient l'être, il ne faut l'attribuer qu'au défaut de fourniture de matières d'agrégation de bonne qualité en temps opportun. Cependant ces dépenses ne s'élèvent qu'à 10 cent. par mètre carré, aux prix de Bouxwiller, et à 0 fr. 155 aux prix de Paris. Mais vous avez sans doute cru devoir évaluer ces frais, jusqu'au 30 novembre dernier seulement, à 32 cent., et rabaisser à 1 cent. l'indication de 0 fr. 017 cent. contenue dans mon mémoire sur le rouleau compresseur, afin d'établir un contraste d'autant plus frappant. Je ne sais si vous aurez à vous féliciter, monsieur l'ingénieur, d'avoir commis des exagérations aussi énormes de la dépense, et d'avoir rabaissé le chiffre de comparaison en négligeant les 7/10es de centime, et en le prenant dans un élément encore moindre de 29 pour 100, en comparant les prix du travail de Bouxwiller avec ceux du travail de Paris.

La combinaison par laquelle vous êtes arrivé à établir que, sans avoir fini le cylindrage de l'avenue Gabriel, j'avais déjà dépensé 32 cent. au lieu de 0 fr. 017 par mètre carré, est sans doute fort habile; mais, malheureusement, vos calculs sont démentis par mon état des dépenses réelles, d'après lequel, le cylindrage achevé, ces dépenses ne ressortent que dans la proportion de 0 fr. 10 cent à 0 fr. 017, ou de 1 à 6, et non, comme vous le dites, de 1 à 32 par mètre carré.

L'excédant réel de dépense qui a eu lieu importe peu, et est uniquement de votre fait, et non du mien. Il eût été évité si, par la pose des caniveaux, vous m'aviez fourni un empierrement convenable, et si vous m'aviez livré les matières d'agrégation en temps opportun, en bonne qualité et en quantité suffisante.

TROISIÈME EXPÉRIENCE.

Empierrement de réparation de l'avenue du Cours-la-Reine, depuis la rue
Bayard jusqu'au corps-de-garde de Chaillot, de 3,532 mètres carrés de
surface.

L'empierrement de cette chaussée a été fait avec lenteur,
et, après avoir été redressé, il n'a pu être cylindré que le
14 novembre.

Pour empêcher le renouvellement des désordres qui ont
eu lieu à l'avenue Gabriel, j'ai demandé d'avance, par ma
lettre du 12 novembre, que les matières d'agglomération
dont j'ai indiqué les quantités fussent prêtes sur les accotements. J'ai consenti à en donner récépissé, et à exercer
un contrôle sur les ouvriers, dans le cours de mes opérations.

Au jour fixe pour le cylindrage, je n'ai pas trouvé en
place la moitié de ces matières, qui n'y sont pas même arrivées dans la journée du lendemain. La marne était en
grande partie humide et en morceaux. Des ouvriers d'un
sous-traitant de l'entrepreneur étaient uniquement occupés
d'extraire et à transporter des détritus sur les accotements,
et lorsqu'à deux heures, au départ des cantonniers pour le
dîner, je voulus me servir de ces ouvriers pour continuer
à répandre des matières d'agrégation, je n'ai trouvé
qu'une partie de ceux qui devaient être à l'atelier. Je me
suis plaint vivement de ce désordre à vous, monsieur l'ingénieur, et à M. Violet, ingénieur en chef, également présent, ainsi que du défaut de matières d'agrégation en quantité suffisante, et de la marne de mauvaise qualité, en partie
mouillée et en gros morceaux.

Si ces matières d'agrégation m'eussent été fournies,
comme je n'ai cessé de vous le demander, elles eussent été

employées le premier jour, et le lendemain le cylindrage
de cette chaussée aurait pu être terminé ; mais toute la
journée du 15 novembre a été nécessaire pour me procurer
ces matières, dont la qualité était très-mauvaise. Il a fallu
employer beaucoup de sable et de gravier pour empêcher
ces matières humides d'adhérer au rouleau. En poursuivant
le cylindrage, j'ai reconnu que la marne surtout était trop
humide pour descendre dans l'empierrement et le mastiquer. J'ai alors été obligé d'avoir recours à l'eau pour di-
viser les matières d'agrégation, en les rendant liquides. J'ai
donc fait arroser abondamment l'empierrement, et je l'ai
cylindré. Cette opération, quoique entièrement contraire à
la méthode ordinaire, qui consiste à introduire les matières d'agrégation sèches et en poudre, a parfaitement
réussi. L'empierrement a été complétement mastiqué ; l'eau
qui y restait, et donnait lieu à quelques désagrégations superficielles sans importance, a bientôt disparu. Cette chaussée est aujourd'hui fort belle et parfaitement solide, quoiqu'elle n'ait pas été cylindrée à pleine charge de rouleau.
La solidité ne lui a d'ailleurs jamais manqué ; car, livrée à
la circulation le 20 novembre dernier, elle a toujours été
parfaitement viable, et le gros roulage qui passe à travers
de cette chaussée, pour aller au chantier de M. Bonnefoi,
rue Jean-Goujon, n'a jamais pu l'entamer ni la dégrader en
aucune manière.

Les dépenses de ce cylindrage, que j'ai moi-même con-
trôlées, s'élèvent à 0 fr. 126 par mètre carré. Elles ne forment qu'une partie minime du prix coûtant de l'empierrement ; mais elles seront tout-à-fait insignifiantes lorsque,
dans la belle saison, le cylindrage pourra se faire dans les
conditions normales, et que le service se fera régulièrement.

Malgré les difficultés sans nombre que j'avais à vaincre
dans une saison très-avancée, les empierrements que j'ai
cylindrés sont dans un état de viabilité parfaite, et rien ne
s'oppose aujourd'hui à ce que vous fassiez votre rapport sur mes

opérations à M. l'ingénieur en chef, en attendant que leur reconnaissance contradictoire ait lieu.

J'ai l'honneur de vous saluer, avec une considération très-distinguée,

SCHATTENMANN.

Paris, le 22 décembre 1843.

A Monsieur Schattenmann, à Paris.

MONSIEUR,

J'ai l'honneur de vous accuser la réception de votre lettre du 19 du courant, qui se termine par l'invitation de rédiger mon rapport sur les expériences auxquelles vous vous êtes livré.

Pour que je puisse faire ce rapport il est nécessaire que ces expériences soient déclarées complètes et que je puisse arrêter le chiffre des matériaux et des journées employées. Il serait également à désirer que nous parcourussions ensemble les parties cylindrées pour en examiner la composition et les résultats.

Je vous proposerai de considérer le soir du samedi 23 courant comme la clôture de ces expériences, et de convenir que le dimanche matin, à neuf heures, nous nous trouverons sur l'avenue Gabriel pour y procéder à l'examen dont j'ai eu l'honneur de vous parler ci-dessus.

Vous me permettrez, Monsieur, de ne pas discuter ici la lettre que vous m'avez fait l'honneur de m'écrire. Je suis avec intérêt et avec plaisir toutes les expériences qui se tentent dans le service dont je suis chargé et dans les services que je puis visiter ; je puis ne pas partager les opinions des inventeurs sur les résultats qu'ils prétendent avoir atteints, mais loin de chercher à entraver leurs expériences, loin d'apporter dans l'examen de la marche suivie et des résultats obtenus, aucune partialité, aucune passion, je crois pouvoir me rendre cette justice, que je suis observateur impartial et que j'aide les essais de tout mon pouvoir, souvent très borné il est vrai, mais dans toute l'étendue de ses limites. Du moment que vous me mettez en suspicion, toute discussion devient superflue.

Je me contenterai d'appeler votre attention sur l'interprétation que vous paraissez avoir donnée au mot répandage, dans la note que j'ai eu l'honneur de vous transmettre. Il s'agit du répandage des matières d'agrégation, et non de celui des pierres constitutives de la chaussée.

D'un autre côté, lorsqu'on ne cylindre pas, l'on ne fait pas venir à pied d'œuvre des matières d'agrégation. Cette dépense est donc inhérente tout entière à l'opération du cylindrage; il est vrai qu'elle ne regarde pas tel mode de cylindrage plutôt que tel autre; cependant cela n'est vrai qu'autant que les deux systèmes emploient les mêmes quantités.

Enfin vous me permettrez de vous signaler un oubli, c'est que les manœuvres ou cantonniers n'ont pas simplement répandu des matériaux, ils ont rocté, transporté des matières, répandu, damé, etc. En un mot, les mains-d'œuvre que j'ai eu l'honneur de vous accuser ont été employées pour faire prendre la chaussée, et non pour la mise en place des pierres constitutives; elles doivent donc entrer comme élément dans la dépense de l'opération. Ce n'est pas que je veuille prétendre que dans le mode ancien une certaine quantité de pareille main-d'œuvre ne serait pas entrée; mais je ne crois pas qu'il faille pour cela les retrancher des deux côtés, comme communes aux deux systèmes; on aurait alors la différence du coût, et non le coût lui-même.

J'ai l'honneur de vous le répéter, ce n'est pas là une discussion; j'ai pensé que je ne m'étais pas fait comprendre suffisamment, et je vous prie de considérer ces quelques mots comme un *post-scriptum* à ma lettre du 10 du courant.

J'attends, Monsieur, votre réponse, et je m'estimerai

heureux si l'examen que nous ferons ensemble me prouve que je n'aurai plus que quelques ébouements à faire pour entretenir nos deux grandes expériences du Cours-la-Reine et de l'avenue Gabriel.

J'ai l'honneur d'être, etc., etc.

L'ÉVEILLÉ.

Paris, le 22 décembre 1843.

A Monsieur l'Éveillé, à Paris.

MONSIEUR L'INGÉNIEUR,

Je m'empresse de répondre à la lettre que vous m'avez fait l'honneur de m'écrire ce jour, qu'ayant demandé à M. le Préfet de la Seine la nomination d'une commission pour reconnaître mes expériences de cylindrage d'empierrement, depuis que vous m'avez déclaré de la manière la plus formelle que vous les considériez comme manquées, je ne dois plus procéder à cette reconnaissance que devant cette commission. Je ne me refuserai plus toutefois, si cela pouvait vous être agréable, d'assister à l'examen que vous voulez faire de mes travaux, et de répondre aux observations que vous pourriez avoir à m'adresser pour vous éclairer sur leur mérite.

Je crois mes expériences en état d'être examinées et jugées, quoiqu'un dernier cylindrage à pleine charge de rouleau reste à faire sur l'empierrement de l'avenue Gabriel et sur celui Cours-la-Reine, depuis la rue Bayard jusqu'au corps-de-garde de Chaillot. La trop grande humidité m'a empêché de les effectuer jusqu'à présent, mais je compte les faire au premier jour, s'il ne survient pas de pluie. Les frais de ce travail sont déjà portés sur mes états, et il n'y a rien à y ajouter, à moins que vous n'y reconnaissiez des erreurs ou des omissions, que je vous prierai de me signaler dans ce cas avec le même détail qui a servi de base à la rédaction de mes comptes.

Vous me permettrez, monsieur l'ingénieur, d'admettre qu'il n'y a absolument aucun nouvel élément à y ajouter, car j'y ai porté toutes les journées pour le répandage des matières d'agglomération, le sable et le gravier, et pour toutes les petites réparations qui ont eu lieu après le cylindrage. Le prix des matières d'agrégation rendues sur les accotements des chaussées, calculé au mètre cube, doit certainement entrer dans la dépense d'un empierrement cylindré ; mais on sait ce que valent ces matières, sans qu'il soit besoin de l'établir par des travaux par économie, comme ceux que vous avez faits. Je ne suis nullement comptable de cette dernière dépense, que je n'ai pas faite ni eu mission de faire, puisque je n'avais qu'à cylindrer les empierrements et à y faire répandre les matières d'agglomération. Vous paraissez vous-même l'avoir entendu ainsi, puisque, dans votre lettre du 10 du courant, vous avez comparé les dépenses de cylindrage de mes expériences à celles indiquées dans la deuxième édition de mon mémoire sur le rouleau compresseur, et qui ne comprennent absolument que les frais de cylindrage et de répandage des matières d'agrégation.

Du reste, j'ai vu avec plaisir, monsieur l'ingénieur, que vous êtes disposé à envisager mes expériences d'un point de vue favorable. Je ne suspecte jamais les intentions de personne, mais quand j'ai des assertions et des faits à examiner, j'aime à les discuter avec impartialité et indépendance.

J'ai l'honneur, etc.

SCHATTENMANN.

La Chapelle-Saint-Denis, le 18 janvier 1844.

A Monsieur Schattenmann, à Paris.

En réponse à votre lettre du 17 du courant, par laquelle vous me demandez des renseignements sur les résultats obtenus dans le cylindrage de la partie de la rue militaire comprise entre les routes de Saint-Denis et de Saint-Ouen, lequel a été effectivement opéré par un rouleau de 1 m. 65 de longueur sur 2 m. 00 de diamètre pesant 9,700 kil., je dois vous dire que, quoique l'on ait fait marcher le rouleau sur l'empierrement jusqu'à ce qu'il ne produisit plus d'effet, on n'a jamais obtenu que cet empierrement fût lié en couche compacte sur plus de 0 m. 10 à 0 m. 12 d'épaisseur à sa partie supérieure, et que sa partie inférieure ne présentait aucune liaison sur le reste de l'épaisseur qui était d'environ 0 m. 20; que de plus le passage par jour de plus de 200 voitures chargées de matériaux pour les fortifications a d'autant plus vite détruit l'empierrement qui venait d'être achevé, que ce passage a eu lieu par un temps pluvieux et sans qu'on réparât les ornières, en sorte qu'en peu de temps la chaussée, faite du reste sur un terrain mou et non suffisamment tassé, a été entièrement bouleversée et n'a plus été praticable sans un rechargement total. Maintenant le fait de la non-liaison de toutes les parties de l'empierrement, sur 0 m. 20 d'épaisseur, tient-il aux dimensions et au poids du rouleau employé? C'est ce que je ne puis absolument affirmer, quoique cela soit bien probable d'après les résultats que vous avez obtenus par vos rouleaux légers aux Champs-Élysées, et d'après ce que j'ai vu des expériences que vous avez commencées sur la rue militaire entre la route et le canal Saint-Denis; mais, quoi qu'il en soit, vos rouleaux ont au moins l'avantage de n'exiger que 6 à 8 chevaux, au lieu de 16 à 18 chevaux qu'il faut pour le rouleau de 9,700 kil. que j'ai employé, et c'est un avantage qui, à travail égal seulement, doit toujours leur faire donner la préférence sur le dernier, qu'on ne doit employer, à mon avis, que pour obtenir, si on le juge à propos, une plus grande compression de l'empierrement après sa liaison au moyen de vos rouleaux si faciles à manœuvrer.

Puisque vous voulez bien les mettre à ma disposition, je m'en servirai pour l'achèvement et la réparation de la rue militaire entre le canal Saint-Denis et la route de Saint-

Ouen, et quand le travail sera fini, je vous donnerai tous les renseignements désirables sur les observations dont il sera l'objet, afin que, s'il y a lieu, de nouveaux faits viennent confirmer la bonté de votre méthode, non seulement pour la liaison de toutes les parties d'un empierrement, mais encore pour sa durée dans les conditions d'un roulage ordinaire; car c'est le point principal du cylindrage, et tout le reste n'a trait qu'à ce qui concerne la meilleure méthode d'exécution, qui peut et doit varier selon la nature des matériaux.

Veuillez agréer, je vous prie, Monsieur, avec mes remercîments de l'empressement que vous avez mis à me seconder dans le travail que j'ai à faire, l'assurance de la considération très-distinguée de votre très-humble et très-obéissant serviteur,

Le chef de bataillon du Génie, chef,
à la Chapelle Saint-Denis.

FUCHSAMBERG.

FIN.